手把手教你做一款人形街舞机器人

多自由度人形双足街舞机器人开发实战

疯壳团队　郑智颖　刘　燃　编著

西安电子科技大学出版社

内 容 简 介

人形机器人是目前最流行的智能化机器人。本书以"多自由度人形双足街舞机器人"为例，全面、系统地介绍了人形机器人的基本原理、开发流程、技术实现，帮助读者快速掌握人形机器人开发的必要技能。本书内容主要包括人形机器人的组装拼接、开发环境搭建、微分平滑算法实现、多舵机控制、整机代码下载与调试等。

对于想要从事人形机器人研发工作的在校学生、程序开发爱好者或转行从业者，这是一本很好的快速入门教材。而对于已经入行，正在从事人形机器人开发工作的工程师来说，本书也能给予一定的参考和指导。本书语言通俗易懂，即使是从没接触过机器人开发工作的读者也能顺利上手，并能根据书中的实例自己实践。

随书的源码、视频、套件都可以通过扫描本书封底的二维码获取。

图书在版编目(CIP)数据

多自由度人形双足街舞机器人开发实战 / 疯壳团队，郑智颖，刘燃编著. —西安：西安电子科技大学出版社，2019.6

ISBN 978-7-5606-5337-2

Ⅰ. ① 多… Ⅱ. ① 疯… ② 郑… ③ 刘… Ⅲ. ① 机器人—程序设计 Ⅳ. ① TP242

中国版本图书馆 CIP 数据核字(2019)第 087062 号

策划编辑 高 樱

责任编辑 王晓莉 雷鸿俊

出版发行 西安电子科技大学出版社(西安市太白南路 2 号)

电 话 (029)88242885 88201467 邮 编 710071

网 址 www.xduph.com 电子邮箱 xdupfxb001@163.com

经 销 新华书店

印刷单位 陕西日报社

版 次 2019 年 6 月第 1 版 2019 年 6 月第 1 次印刷

开 本 787 毫米×960 毫米 1/16 印 张 7

字 数 112 千字

印 数 1～3000 册

定 价 28.00 元

ISBN 978-7-5606-5337-2 / TP

XDUP 5639001-1

如有印装问题可调换

❖❖❖ 前　　言 ❖❖❖

　　人形机器人是一种具有和人类相似肢体并且模仿人类外观和行为的机器人。随着人工智能的快速发展，人形机器人也越来越多地进入人们的视野，在许多场合都有应用，例如餐厅里面的送菜机器人、酒店里为客人送毛巾等生活用品的机器人、智能前台迎宾机器人等。这些人形机器人以其面部表情多样，能够进行智能互动问答、自动记忆导航等特点，被人们所喜欢。越来越多的企业和商家纷纷通过引入人形机器人来进行接待、问询等工作，从而提升自身的科技感，打造高效的智能场景服务模式。

　　本书所实现的多自由度人形双足机器人，具有和人类相似的四肢，双足站立，并且配置了 17 个舵机，相当于拥有 17 个可发力的活动关节，所以动作特别灵活，不仅能做出常规动作，还能完成诸如手臂后摆 90° 的高难度动作。多自由度人形双足机器人配备了优良的控制系统，内置微分平滑算法，通过编程软件编译相应的动作组，便可自行 DIY 动作，例如跳舞、体操、行走、俯卧撑等。虽然多自由度人形机器人很受大众的欢迎和喜爱，但是对于想要从事人形机器人开发的人员来说，要成功地开发一款人形机器人并不是一件容易的事。因为机器人是一个复杂的系统，涉及了很多机械知识、电子知识、算法知识，市场上关于它的书籍教程等资料非常少，很多厂家只提供成品给用户使用，并未对相应的技术进行开源，这就导致想要从事人形机器人研发的人员不知从何入手。而且市面上的机器人形态也是千奇百怪，几乎都是几个滑轮、一个遥控器就可以演变成幼儿陪伴机器人，导致很多人都觉得机器人是儿童玩的玩具，不屑于去从事人形机器人的开发工作。正是基于此种现状，作者决定撰写本书。作者根据自己多年的机器人研发经验，以"多自由度人形双足街舞机器人"为例，系统地讲解了人形机器人的开发流程，总结了人形机器人开发中的常见问题及常用知识点，帮助读者快速入门并掌握人形机器人开发技能。

　　本书的内容几乎涵盖了人形机器人硬件和软件开发的所有知识点，虽然有些知识点看似是简单的装配工作，但作者详细说明了其中容易被大家忽略的细节，告诉读者如何快速、正确地组装好一个人形机器人。书中的内容都是根据实际的机器人开发步骤，按照从易到难的顺序安排的，建议读者按顺序学习。读者首先需掌握开发环境的搭建，然后掌握舵机的控制原理以及相关算法。只有搭建好开发环境，熟悉机器人的每个零部件，并能使用 STC-ISP 软件成功下载 Hex 文件，才能进行后面章节的学习。在学习完所有的知识点后，作者会和读者一起，从零开始组装一个人形机器人，并实战编程调试各种动作组，结合微分平滑算法，实现各种复杂动作，最终完成多自由度人形机器人的开发工作。

本书的特点是：

(1) 趣味性强。以"多自由度双足人形街舞机器人"为例，DIY 各种动作，提高读者的学习兴趣。

(2) 真实可靠。书中所介绍的机器人套件以及源码，都是经过真实环境测试，具有极高的可靠性。

(3) 内容全面。本书基本涵盖了人形机器人硬件和软件开发的所有知识点。

(4) 专业权威。笔者有着多年的机器人开发经验，对人形机器人的开发有着许多独到的见解。

(5) 售后答疑。所有读者都可通过扫描本书封底的二维码，登录官网社区提问，作者会不定期答疑。

本书的适用范围是：

(1) 想从事人形机器人研发工作的在校学生、机器人爱好者或转行从业者。

(2) 已经入行，正在从事人形机器人开发工作的工程师。

(3) 做人形机器人培训机构和单位。

(4) 高校教师或学生，本书可作为高校实验课程教材使用。

全书由刘燃负责组织策划，内容由郑智颖在疯壳开源机器人产品技术资料的基础上整理而来。特别要感谢深圳疯壳公司的各位小伙伴，对本书的编写提供了可靠的技术支撑与精神鼓励。此外，还要感谢西安电子科技大学出版社的工作人员，正是他们的支持才有本书的出版。

关于本书的源码，读者可以通过扫描本书封底的二维码免费下载。由于时间仓促，本书的所有内容尽管都经过了认真校验，但也难免会有一些纰漏，读者可通过社区论坛与作者互动。

编　者
2019.2

❖❖❖ 目　　录 ❖❖❖

第1章 开 发 准 备

1.1 机器人简介

机器人技术发展萌芽于美国。1954年第一台可编程机器人诞生。随后，1969年，日本研发出第一台以双足走路的机器人。经过60多年的发展，现在的机器人已经广泛应用在生产、生活、科技等诸多领域。

机器人的类型分很多种，我们平时所说的"机械臂"也是机器人的一种，属于工业机器人，主要应用在一些大型的工厂，从事生产工作，可大大提高生产效率，也可节约不少人力成本。此外，还有微机器人、农业机器人、类人机器人、自重构机器人等。

机器人的出现，给人们的生活带来了很大的便利，也在悄悄地改变着人们的生活。随着网上购物的普及，每年的"双十一"都会产生数以亿计的快递物流订单，如果采用人工分拣，可能一个月都收不到快递，但是现在采用机器人智能分拣，最快第二天就能收到自己购买的东西了。随着人工智能的发展以及各类智能配送机器人的投入使用，类人机器人渐渐进入人们的视线，其中，由百度公司研发的"小度"机器人更是在一档电视节目中大放异彩，改变了人们对机器人的认知。现在的机器人不仅仅是重复单一工作的工具了，它们也变得有智慧，会学习了。

随着我国机器人技术的快速发展，许多创客开始设计、研发可编程的人形机器人。这些人形机器人有类似人的肢体，通过编写相应的动作组代码，可以实现跳舞，行走，做体操、俯卧撑等动作。人形机器人集机、电、材料、计算机、传感器、控制技术等多门学科于一体，是一个国家高科技实力和发展水平的重要标志。如前面所介绍的应用于我国各个领域的智能机器人，标志着我国对人形机器人的开发研究已经达到了领先水平。

虽然机器人应用得越来越普遍了，但是对于想独立开发一款机器人产品的研发人员来说，并不是很容易，因为机器人涉及很多机械知识，算法也比较复杂。尽管在网上有一些资料，但也是零零散散的只言片语，并没有全面系统的介绍，而且多数都停留在幼儿玩具领域，例如玩具挖掘机、玩具坦克等。而本书基于多自由度人形机器人开发套件，从机器人的组装到代码的编写、烧录，系统地介绍了多自由度人形机器人开发的全过程。零基础的初学者，也可以通过对本书的学习，独立开发一款多自由度人形机器人产品。本书不仅开放全部控制算法源码，还对机器人开发中的每一个环节都做了详细的讲解，以帮助开发者更快更好地完成多自由度人形机器人的开发。

1.2　机器人开发套件简介

多自由度人形双足街舞机器人主要由 4 大部分组成，这 4 大部分是 17 个数字舵机、合金支架、动力电池和控制主板。

数字舵机采用的是双轴数字舵机，它是一款专为机器人设计的数字舵机，扭矩在 6 V 电压下可达到 15 kg，运行噪音低、平稳且线性度高，可控角度范围达 180°，断电可 360°旋转，特别适合机器人的各关节活动，如图 1.2-1 所示。

图 1.2-1

合金支架是由硬质铝合金直接冲压成型，强度高、质量轻。而且，合金支架的表面采用了喷塑处理，既能防止合金支架生锈，同时也保证了外形的细腻美观，如图 1.2-2 所示。

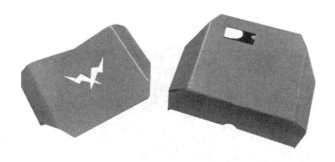

图 1.2-2

动力电池采用的是 7.4 V-2000 mA·h 的机器人专用锂电池，可充电重复利用，放电倍率高，容量足，可支持多自由度人形双足街舞机器人连续运行 40 分钟以上，如图 1.2-3 所示。

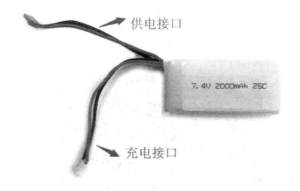

图 1.2-3

作为开发者，最需要关注的就是多自由度人形双足街舞机器人背面的控制主板。控制主芯片采用了增强型 51 单片机：IAP15W4K61S4。IAP15W4K61S4 告别玩家级的 Arduino 和"树莓派"(Raspberry，卡片式电脑)，既满足性能要求也节约了成本。在主控与舵机的连接之间，采用了 3 块 74HC244 锁存器，既增加了电流驱动，也保护了控制主板。控制主板还留有一个 USB 接口和两个额外串口。USB 接口既能连接上位机，同时也可用来下载代码，供开发者编程开发使用。而两个额外的串口则供开发者添加其他模块，扩展控制方式。控制主板正面如图 1.2-4 所示，背面如图 1.2-5 所示。

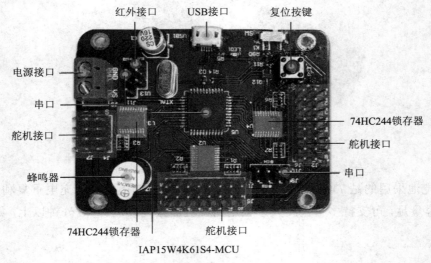

图 1.2-4

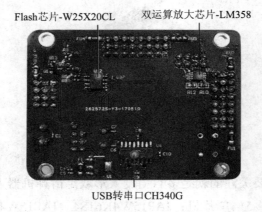

图 1.2-5

1.3 开发环境搭建

本节主要介绍在开发过程中需要用到的一些软件和驱动程序,主要有 Keil C51、USB 转串口驱动程序、串口调试工具和 STC-ISP。串口调试工具和 STC-ISP 这两个软件不需要安装,打开即可使用。

1.3.1 Keil C51 的安装

Keil C51 是美国 Keil Software 出品的 51 系列兼容单片机 C 语言软件开发系统。Keil 提供了包括 C 编译器、宏汇编、连接器、库管理和一个功能强大的仿真调试器等在内的完整开发方案,通过一个集成开发环境(μ Vision)将这些部分组合在一起。可以通过网站 www.keil.com/c51/devproc.asp 下载 Keil C51 安装包,进行安装。当然,也可以通过我们提供的安装包安装。下面是我们所提供的 Keil C51 安装包安装的步骤。

(1) 找到文件 c51v905,点击打开,如图 1.3-1 所示,然后点击界面中的 Next 按钮。

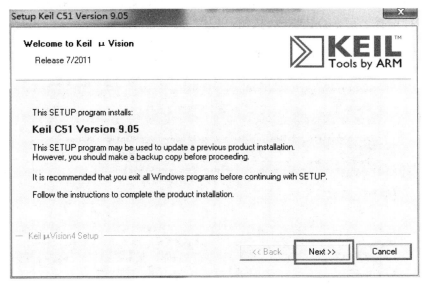

图 1.3-1

（2）弹出协议对话框，勾选同意选项，如图 1.3-2 所示，然后点击 Next 按钮进行下一步。

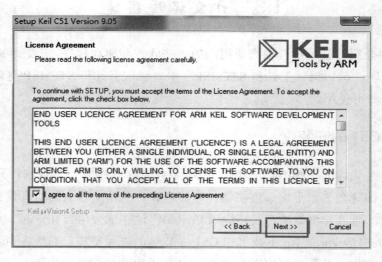

图 1.3-2

（3）安装路径可以自己选择，但要注意路径中不能有中文。这里我们安装在默认路径。完成路径选择之后，点击 Next 按钮，如图 1.3-3 所示。

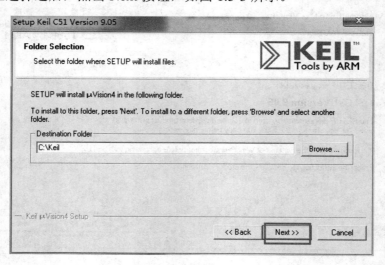

图 1.3-3

(4) 任意填写公司、邮箱等内容，然后点击 Next 按钮，如图 1.3-4 所示。

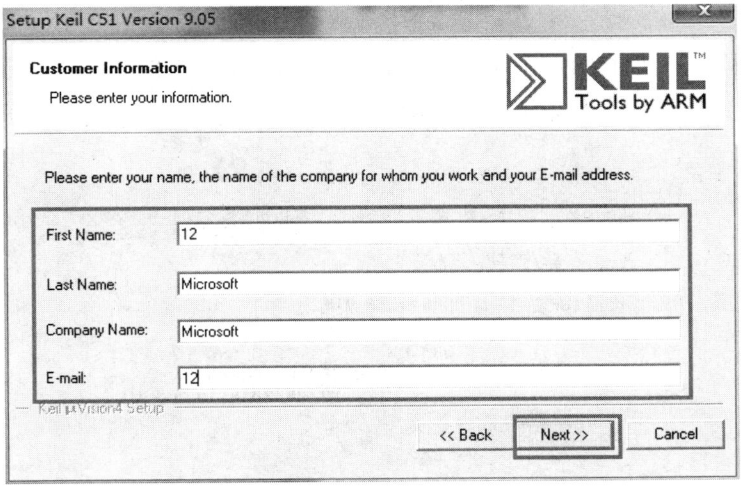

图 1.3-4

(5) 点击 Finish 按钮，完成 Keil C51 的安装，如图 1.3-5 所示。

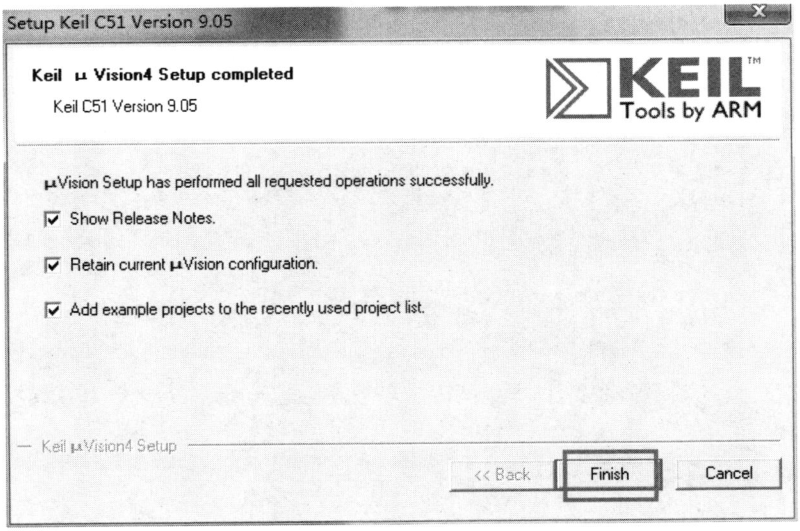

图 1.3-5

1.3.2 USB 转串口驱动程序的安装

打开我们提供的文件 CH340 驱动(USB 串口驱动)程序(XP 系统和 Win 7 系统可以共用)，找到文件夹的 SETUP 文件，双击运行。在弹出的界面中点击安装按钮即可，如图 1.3-6 所示。

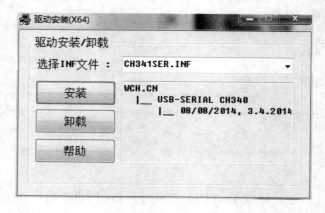

图 1.3-6

第2章　开发基础

2.1　舵机原理

2.1.1　舵机的基本概念

　　舵机是由直流电机、减速齿轮组、传感器和控制电路组成的一套自动控制系统，它将所接收到的电信号转换成电动机轴上的角位移输出。舵机通常都有最大旋转角度，比如180°。舵机并不能像普通直流电机一样一圈圈转动，只能在一定的角度内转动。当有控制信号时，舵机就会转动，并且转速大小正比于控制电压的大小。当去掉控制电压后，舵机就会立即停止转动。舵机的组成如图 2.1-1 所示。

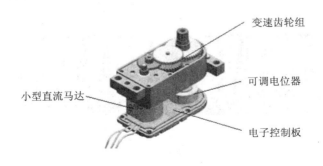

图 2.1-1

2.1.2　舵机的基本控制原理

控制信号由接收机的通道进入信号调制芯片，获得直流偏置电压。信号调制芯片内部有一个基准电路，产生周期为 20 ms、宽度为 1.5 ms 的基准信号，它先将获得的直流偏置电压与电位器的电压比较，获得电压差输出。然后，电压差输出到电机驱动芯片，它的正负决定电机的正反转。当电机转速一定时，通过级联减速齿轮带动电位器旋转，使得电压差为 0，电机停止转动。

舵机的控制信号一般是一个周期为 20 ms 的脉冲，其中的正脉冲宽度通常是 500 μs 到 2500 μs。以最大旋转角度为 180° 的舵机为例，那么 500 μs 的正脉冲宽度对应为 0°，1000 μs 的正脉冲宽度对应为 45°，1500 μs 正脉冲宽度对应为 90°，2000 μs 正脉冲宽度对应为 135°，2500 μs 正脉冲宽度对应为 180°。

2.2　微分算法

微分在数学中的定义：由函数 $B = f(A)$，得到 A、B 两个数集。在 A 中当 dx 靠近自己时，函数在 dx 处的极限叫作函数在 dx 处的微分。微分的中心思想是无穷分割。

如图 2.2-1 所示，在求圆的面积时，常常仿照切西瓜的方式，将圆分割成无数个小扇形，将无数个小扇形拼成一个长方形，圆的面积就等于无穷个小扇形面积的和，也等于长方形的面积，其中，r 为圆半径，C 为圆周长。

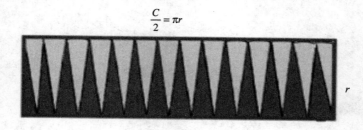

图 2.2-1

在控制舵机过程中的微分算法，也采用了这种无穷分割的思想。

舵机的角速度是一定的，假设角速度为 ω_0，那么舵机从 0°转到 180°所需要的时间 t_0 就为 $180/\omega_0$。当需要将舵机的角速度降低一半时，将舵机从 0°转到 180°的时间扩大一倍，为 $360/\omega_0$ 即可，如图 2.2-2 所示，其中高位表示舵机转动，低位表示舵机停顿。

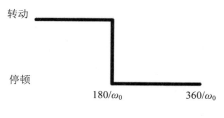

图 2.2-2

这样，就会发现当舵机运动到 $180/\omega_0$ 时，舵机就达到了 180°，并且开始停顿。当我们将整体时间分为 4 个 $90/\omega_0$ 时，舵机的转动就会平缓许多，如图 2.2-3 所示。

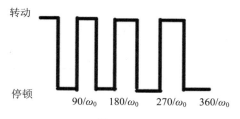

图 2.2-3

而当我们将这整个时间分为无数块转动时间和停顿时间的交叉组合时，舵机将以角速度 $\omega_0/2$ 做匀速转动。这就是我们所使用的微分算法的一个思想，改变舵机转动的角速度，可以使舵机转动得比较平滑。

2.3 IAP15W4K61S4 简介

IAP15W4K61S4 系列单片机是 STC 生产的单时钟单片机，是宽电压、高速度、高可靠、低功耗、超强抗干扰的新一代 8051 单片机，其指令代码完全兼容传统 8051，但速度快 8 到 12 倍。

IAP15W4K61S4 单片机内部集成有高精度 R/C 时钟，ISP 编程时可设置 5～30 MHz

宽范围工作频率，可彻底省掉外部昂贵的晶振和外部复位电路。此外，IAP15W4K61S4 还拥有 8 路 10 位 PWM，8 路高速 10 位 A/D 转换，内置 4 KB 大容量 SRAM，4 组独立的高速异步串行通信端口，1 组高速同步串行通信端口 SPI，适用于多串行口通信、电机控制、强干扰场合。

IAP15W4K61S4 单片机的内部结构图如图 2.3-1 所示。这款单片机中包含了中央处理器 CPU、程序存储器 Flash、数据存储器 SRAM、定时器/计数器、掉电唤醒专用定时器、I/O 口、高速 A/D 转换、比较器、看门狗、UART 高速异步串行通信口 1/2/3/4、CCP/PWM/PCA、高速同步串行通信端口 SPI，片内高精度 R/C 时钟及高可靠复位等模块。

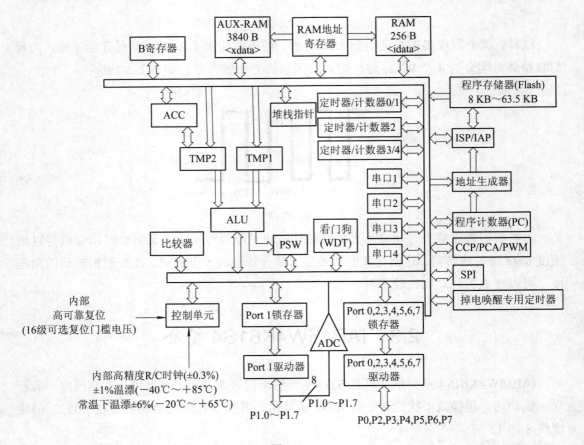

图 2.3-1

2.4 程序下载

本节介绍如何使用下载软件 STC-ISP 将代码下载到单片机 IAP15W4K61S4 中。具体步骤如下：

(1) 打开下载软件 STC-ISP，软件界面如图 2.4-1 所示。

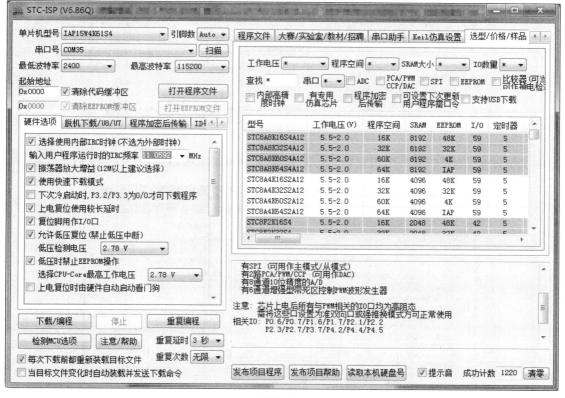

图 2.4-1

(2) 点击 Keil 仿真设置标签，添加 STC 相关的头文件。STC 的相关头文件路径是我们之前安装 Keil C51 的路径，如果之前采用的是默认路径，那么选择 C 盘 Keil 文件夹，如图 2.4-2 所示。

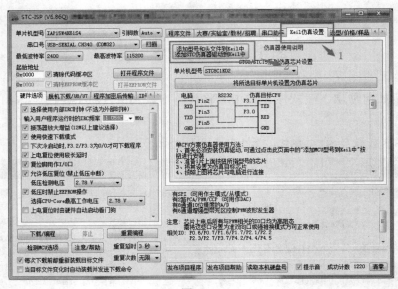

图 2.4-2

(3) 添加完 STC 相关的头文件后，点击弹窗中的确定按钮，如图 2.4-3 所示。

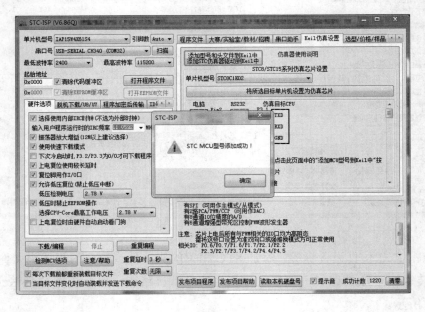

图 2.4-3

（4）设置单片机的型号、最低波特率、最高波特率，如图 2.4-4 所示，硬件选项等选择默认即可。串口号根据实际情况选择。

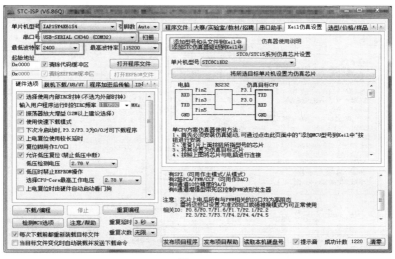

图 2.4-4

（5）点击打开程序文件按钮，选择我们提供的例程中的.hex 文件，如图 2.4-5 所示。

图 2.4-5

(6) 点击下载/编程按钮，下载代码，如图 2.4-6 所示。

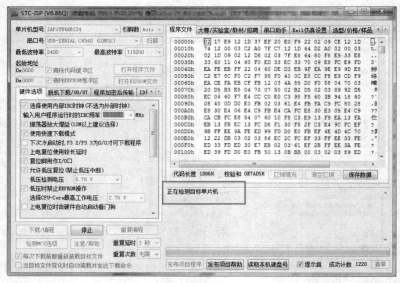

图 2.4-6

(7) 按一下电路板上面的 RST 按键，完成下载，如图 2.4-7 所示。

图 2.4-7

第3章

开发实战

3.1 机体组装及测试

3.1.1 安装工具

安装机器人前需准备必要的安装工具。多自由度人形双足街舞机器人所采用的螺丝、螺母比较小，需准备一把适用于 M2、M3 型号螺丝的十字螺丝刀，一把尖嘴钳，一个镊子。有条件的用户可以准备一把电动螺丝刀，既方便又高效。安装工具如图 3.1-1 所示。

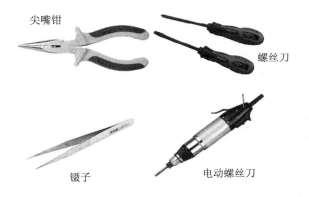

图 3.1-1

3.1.2 零件清单

组装机器人所需要的钣金、舵机、螺丝和铜柱等零件清单如表 3.1-1 所示。

表 3.1-1 零件清单

序号	外 观	名 称	数量	备注
钣金、舵机				
1		大 U 件	14 个	
2		夹板	4 个	
3		舵机包件	4 个	

序号	外 观	名称	数量	备注
4		护膝板	2个	
5		脚板	2个	
6		外侧肩板	2个	
7		内侧肩板	2个	
8		胸部挡板	2个	

序号	外　观	名称	数量	备注
9		前后胸板	2 个	
10		手爪	2 个	
11		颈板	1 个	
12		后盖	1 个	

序号	外　观	名称	数量	备注
13		前盖	1 个	
14		面罩	1 个	
15		实轴舵盘	17 个	
16		虚轴舵盘	17 个	
17		双轴舵机	17 个	

序号	外 观	名称	数量	备注
安装螺丝、铜柱				
1		M2×5 自攻螺丝	242 个	注：白色，用于舵机、舵盘与金属结构件之间的安装
2		圆头 M2×4 螺丝	40 个	注：白色，用于两个金属结构件之间的固定连接
3		M2 螺母	40 个	注：白色，与圆头 M2×4 螺丝配套使用，紧固结构件之间的安装
4		平头 M2×4 螺丝	36 个	注：白色，用于前后胸板、前后胸罩钣金件的安装，有沉孔的孔位安装
5		圆头 M3×6 螺丝	17 个	注：黑色，用于实轴舵盘安装时中间孔的固定
6		带垫片 M4×5 自攻螺丝	16 个	注：白色，用于虚轴舵盘安装时中间孔的固定

序号	外　观	名称	数量	备注
7	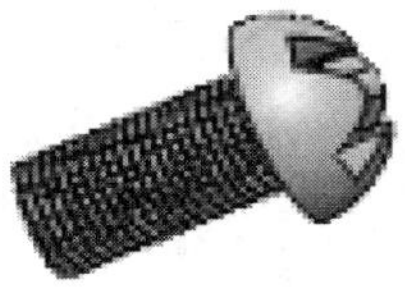	圆头 M3×6 螺丝	6 个	注：白色，用于前胸铜柱的安装
8		圆头 M3×4 螺丝	8 个	注：白色，用于后背控制器的固定安装
9	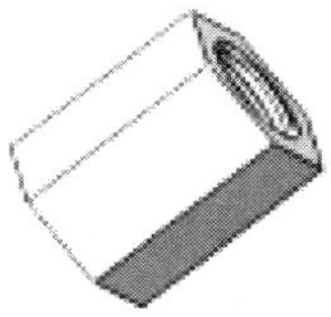	M3×6 塑料柱	4 个	注：白色，用于后背控制器的支撑安装
10	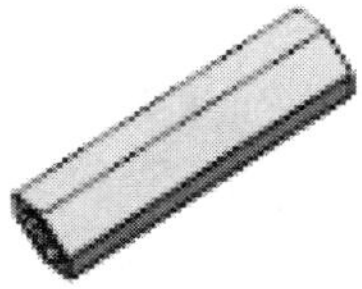	M3×18 铜柱	2 个	注：黄色，在前胸安装，可用来作为固定柱

3.1.3　金属结构件之间的连接安装

安装步骤如下：

(1) 大 U 件与大 U 件十字交叉安装，如图 3.1-2 所示。

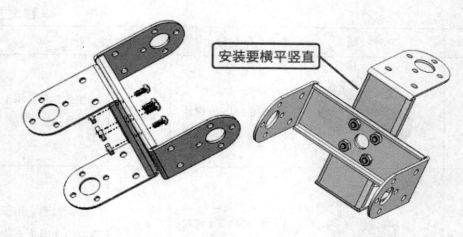

图 3.1-2

数量：安装 4 套。

要求：垂直安装，不歪斜。

配件：圆头 M2×4 螺丝、M2 螺母。

(2) 大 U 件与舵机包件平行连接安装，如图 3.1-3 所示。

数量：安装 4 套。

要求：平行安装，不歪斜。

配件：圆头 M2×4 螺丝、M2 螺母。

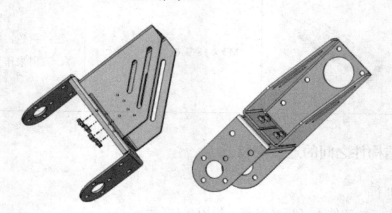

图 3.1-3

3.1.4　各部分舵机的安装固定

安装步骤如下：

(1) 左右脚板舵机安装，如图 3.1-4 所示。

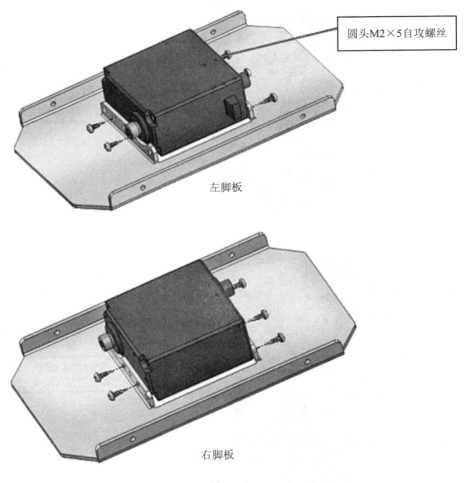

左脚板

右脚板

图 3.1-4

数量：左右各安装 1 套。

要求：平行安装，不歪斜。注意左右脚板舵机方向，主轴超前(注：主轴是指舵机的铜轴，又称实轴，另一侧对称的塑料凸轴称为虚轴或者辅轴)。

配件：圆头 M2×5 自攻螺丝。

(2) 左右膝关节舵机安装，如图 3.1-5 所示。

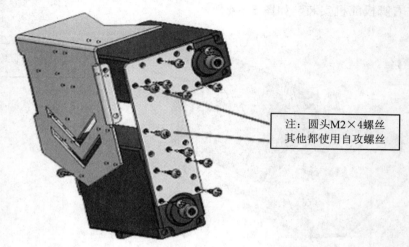

注：圆头M2×4螺丝
其他都使用自攻螺丝

左膝关节

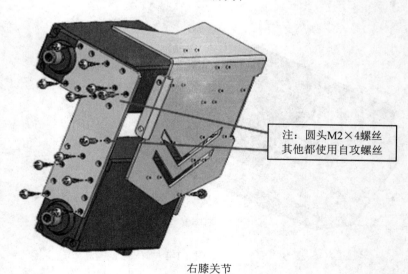

注：圆头M2×4螺丝
其他都使用自攻螺丝

右膝关节

图 3.1-5

数量：左右各安装 1 套。

要求：平行安装，不歪斜。注意左右舵机方向，都是主轴朝内侧(指左右腿的舵机安装时，铜轴都朝着大腿内侧，虚轴朝外侧)。

配件：圆头 M2×5 自攻螺丝，圆头 M2×4 螺丝 4 个(注：护膝板安装不能用自攻螺丝)。

(3) 通用关节舵机安装，如图 3.1-6 所示。

数量：安装 4 套。

要求：平行安装，不歪斜。

配件：圆头 M2×5 自攻螺丝。

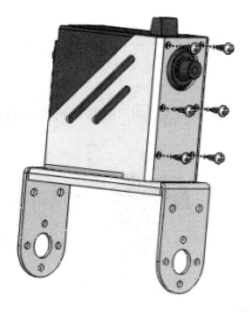 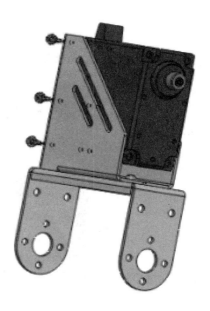

图 3.1-6

(4) 头部舵机安装，如图 3.1-7 所示。

数量：安装 1 套。

要求：舵机调整到 1500 中间值。

配件：圆头 M2×5 自攻螺丝、黑色圆头 M3×6 螺丝、实轴舵盘。

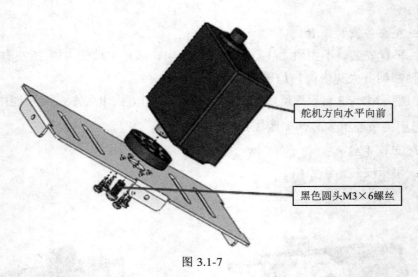

舵机方向水平向前

黑色圆头M3×6螺丝

图 3.1-7

(5) 左右手爪舵机安装，如图 3.1-8 所示。

数量：左右手爪各安装 1 套。

要求：平行安装，不歪斜。注意左右手爪舵机方向，主轴朝上侧(即铜轴朝向自己)。

配件：圆头 M2 × 5 自攻螺丝。

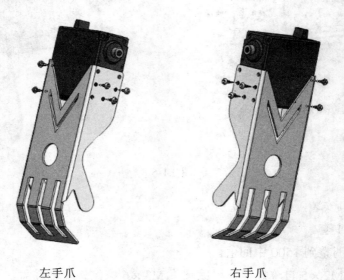

左手爪   右手爪

图 3.1-8

(6) 肩部舵机安装，如图 3.1-9 所示。

数量：安装 2 套。

要求：主轴朝外侧。

配件：圆头 M2 × 5 自攻螺丝。

外侧 内侧

图 3.1-9

(7) 腰部舵机安装，如图 3.1-10 所示。

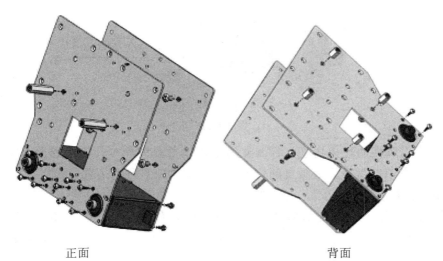

正面 背面

图 3.1-10

数量：安装 1 套。

要求：主轴朝上侧(即胸部的正面是铜轴朝向自己)。

配件：圆头 M2×5 自攻螺丝、圆头 M3×6 螺丝、圆头 M3×4 螺丝、M3×6 塑料柱、M3×18 铜柱。

3.1.5　各部件舵盘的安装固定

安装舵机舵盘前需要事先调整好舵机的物理角度，以便使机器人的各个关节舵机有最大的活动范围。本机器人套件中的舵机默认全部调整到中间位置，角度值为 1500。注意：舵机在 0°～180°之间转动的角度称为舵机转动角度；舵机转动到对应角度所需的高电平的宽度(时间)称为舵机角度值。

(1) 左右脚板舵机舵盘安装，如图 3.1-11 所示。

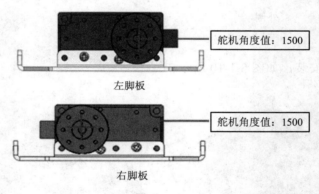

左脚板

右脚板

图 3.1-11

要求：左右脚板的舵机角度值都调整到 1500，舵盘中两个孔位呈竖直方向安装(注：需要多次旋动实轴舵盘找到最竖直的位置安装，虚轴舵盘则不需要定角度)。

(2) 左右大腿舵机舵盘安装，如图 3.1-12 所示。

要求：安装两套，左腿舵机角度值调整到 1700，右腿舵机角度值调整到 1300，舵盘中两个孔位呈竖直方向安装(注：需要多次旋动实轴舵盘找到最竖直的位置安装，虚轴舵盘则不需要定角度)。

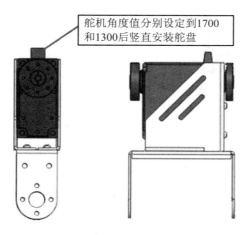

图 3.1-12

(3) 左右膝关节舵机舵盘安装，如图 3.1-13 所示。

要求：左膝关节上面舵机角度值为 1500，下面舵机角度值为 1800；右膝关节上面舵机角度值为 1500，下面舵机角度值为 1200；舵盘中两个孔位呈竖直方向安装(注：需要多次旋动实轴舵盘找到最竖直的位置安装，虚轴舵盘则不需要定角度)。

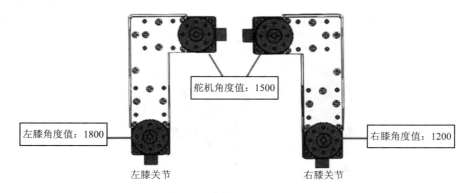

图 3.1-13

(4) 左右手爪舵机舵盘安装，如图 3.1-14 所示。

要求：左手爪舵机角度值为 1500，右手爪舵机角度值为 1500；舵盘中两个孔位呈竖直方向安装(注：需要多次旋动实轴舵盘找到最竖直的位置安装，虚轴舵盘则不需要定角度)。

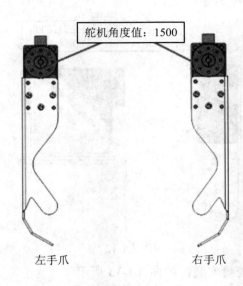

舵机角度值：1500

左手爪　　　　　　右手爪

图 3.1-14

(5) 左右手臂舵机舵盘安装，如图 3.1-15 所示。

要求：左右手臂舵机角度值均调整到 1500；舵盘中两个孔位呈竖直方向安装(注：需要多次旋动实轴舵盘找到最竖直的位置安装，虚轴舵盘则不需要定角度)。

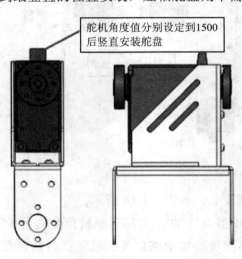

舵机角度值分别设定到1500
后竖直安装舵盘

图 3.1-15

(6) 胸部舵机舵盘安装，如图 3.1-16 所示。

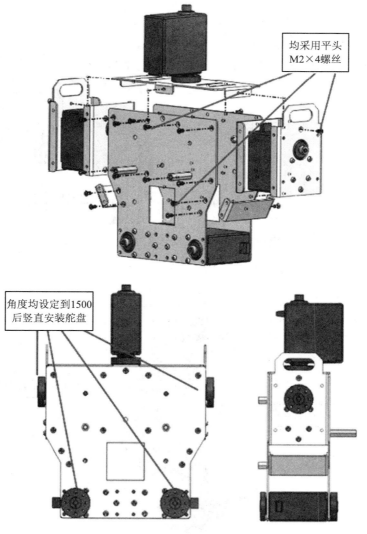

均采用平头
M2×4螺丝

角度均设定到1500
后竖直安装舵盘

图 3.1-16

要求：胸部舵机角度值均调整到 1500；舵盘中两个孔位呈竖直方向安装(注：需要多次旋动实轴舵盘找到最竖直的位置安装，虚轴舵盘则不需要定角度)。

3.1.6　机器人各部件的组装

(1) 左腿连接安装，如图 3.1-17 所示。

要求：主轴朝大腿内侧。

配件：M2×5 自攻螺丝、圆头 M3×6 螺丝、垫片 M4×5 自攻螺丝。

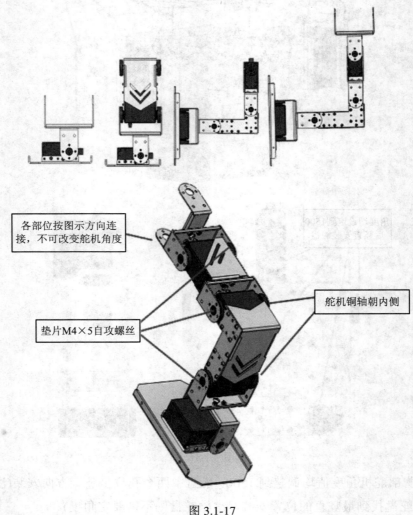

各部位按图示方向连接，不可改变舵机角度

舵机铜轴朝内侧

垫片M4×5自攻螺丝

图 3.1-17

(2) 右腿连接安装，如图 3.1-18 所示。

要求：主轴朝大腿外侧。

配件：M2×5 自攻螺丝、圆头 M3×6 螺丝、垫片 M4×5 自攻螺丝。

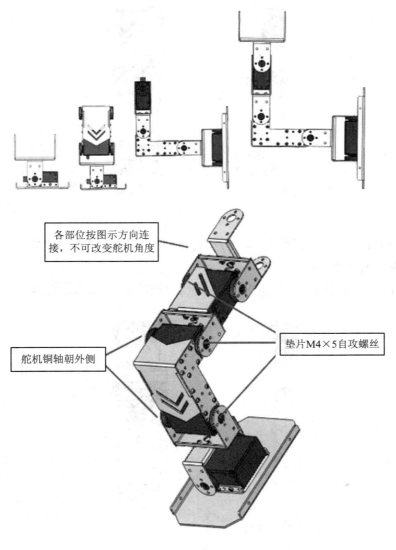

各部位按图示方向连接，不可改变舵机角度

垫片M4×5自攻螺丝

舵机铜轴朝外侧

图 3.1-18

(3) 左手臂连接安装，如图 3.1-19 所示。

要求：主轴朝上侧。

配件：M2×5 自攻螺丝、圆头 M3×6 螺丝、垫片 M4×5 自攻螺丝。

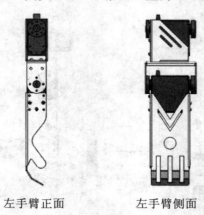

左手臂正面　　　　　　左手臂侧面

图 3.1-19

(4) 右手臂连接安装，如图 3.1-20 所示。

要求：主轴朝上侧。

配件：M2×5 自攻螺丝、圆头 M3×6 螺丝、垫片 M4×5 自攻螺丝。

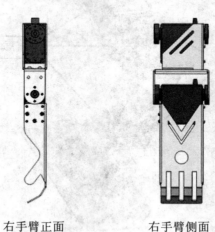

右手臂正面　　　　　　右手臂侧面

图 3.1-20

(5) 肩部连接安装，如图 3.1-21 所示。

要求：大 U 件竖直安装。

配件：M2×5 自攻螺丝、圆头 M3×6 螺丝。

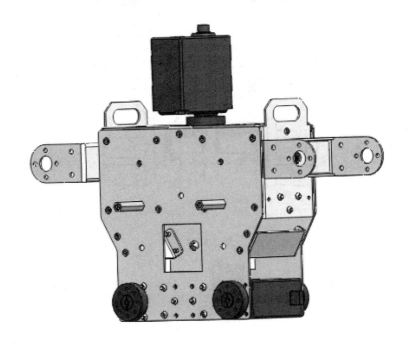

图 3.1-21

3.1.7 机器人组装成形

按照图 3.1-22 和图 3.1-23 所示要求，组装连接前面已经安装好的机器人各部件，并且将电池固定在机器人体内。(注：一定要按照图示方法，水平安装的部件则严格保持水平状态去安装连接，竖直安装的部件则严格保持竖直状态去安装连接，安装过程中只能固定了实轴舵盘之后才可以旋动舵机，这样做是为了保证舵机的物理位置不被改变，否则安装过程中的舵机角度位置误差太大，其他动作程序不能通用)。最终机器人整体效果如图 3.1-24 所示。

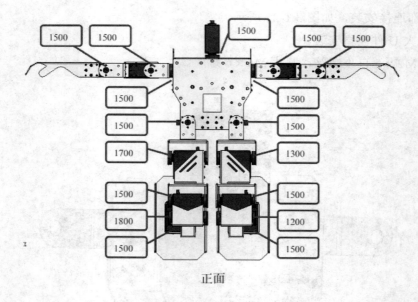

正面

图 3.1-22

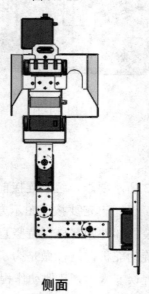

侧面

图 3.1-23

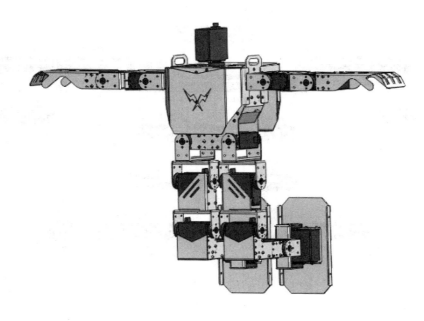

整体效果图

图 3.1-24

3.1.8　机器人控制主板的安装

(1) 打开上位机调试软件，如图 3.1-25 所示。

将机器人上面的舵机位置与上位机软件中的舵机位置相对应。机器人左手掌关节对应上位机 0 号舵机，左手臂关节对应上位机 1 号舵机，左肩膀关节对应上位机 2 号舵机，左胸腔关节对应上位机 3 号舵机，左大腿关节对应上位机 4 号舵机，左膝盖关节对应上位机 5 号舵机，左脚踝关节对应上位机 6 号舵机，左脚掌关节对应上位机 7 号舵机，右脚掌关节对应上位机 8 号舵机，右脚踝关节对应上位机 9 号舵机，右膝盖关节对应上位机 10 号舵机，右大腿关节对应上位机 11 号舵机，右胸腔关节对应上位机 12 号舵机，头部关节对应上位机 13 号舵机，右手掌关节对应上位机 14 号舵机，右手臂对应上位机 15 号舵机，右肩膀对应上位机 16 号舵机。

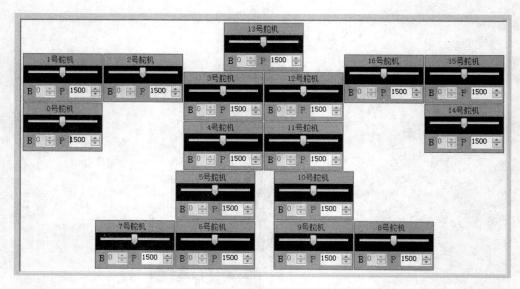

图 3.1-25

(2) 将所有的舵机与机器人的控制主板相连接。

图 3.1-26 所示为我们机器人的控制主板，3 个框框内都是舵机的接口。在舵机的接口旁边有接口编号，从 1 到 20，这里只需要使用接口 1 到 17，与上位机软件 RobotCtrl 图中的舵机 0 到 16 号舵机相对应。注意，舵机接口旁边还标记了+、–和 S 三个标记，对应舵机的正极、负极和信号线，对应舵机线的颜色分别是红、黑和白，接反可能会损坏舵机。

图 3.1-26

(3) 安装机器人的电源开关。

如图 3.1-27 所示是机器人的开关与电源线部分,将图中标记 VS 的线连接到机器人控制主板的 VS,标记 GND 的线连接到机器人控制主板的 GND,如图 3.1-28 所示。

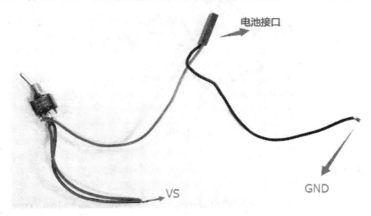

图 3.1-27

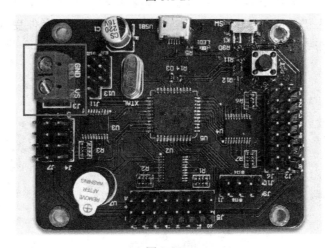

图 3.1-28

(4) 连接电池。

电池有两个接口,如图 3.1-29 所示。将电池的供电接口与开关的电池接口相连接,红线对应红线,黑线对应黑线。

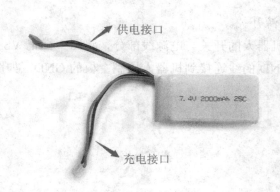

供电接口

7.4V 2000mAh 25C

充电接口

图 3.1-29

3.1.9　机器人测试

　　完成以上所有步骤，机器人安装就结束了。下载机器人的整机代码，打开开关，安装正确的机器人应呈现如图 3.1-30 所示姿势。倘若机器人的姿势不对，关闭开关，重新打开开关，若机器人仍然保持一样的错误姿势，则表示机器人套件良好，只要将错误的关节对应的舵机重新安装修正即可。

图 3.1-30

3.2 PC 上位机在线调试

首先在我们提供的文件中找到上位机调试软件 RobotCtrl，双击打开，界面如图 3.2-1 所示。

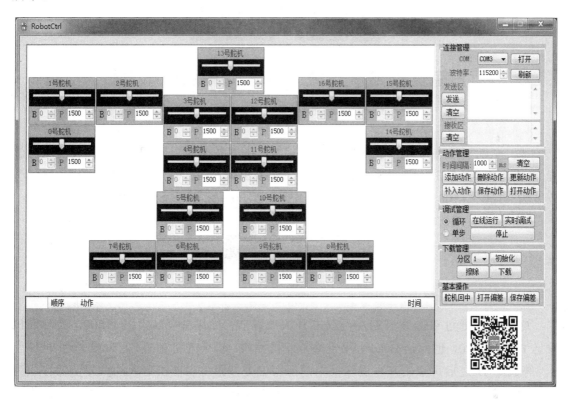

图 3.2-1

界面中的舵机图标如同一个人形，人形中的每一个舵机与我们机器人身上的舵机一一对应，如图 3.2-2 所示。

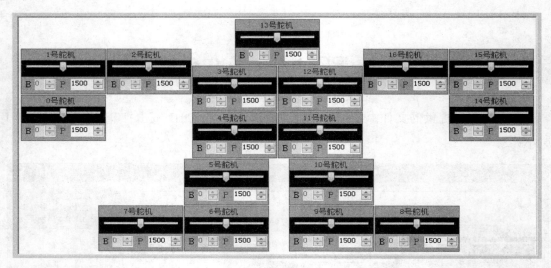

图 3.2-2

　　每一个舵机控制窗口之中有两个值：B、P。进度条 P 可以随意拖动，P 表示舵机位置(默认为中位 1500)范围为 500～2500，B 表示舵机偏差(默认为 0)，即舵机的相对位置，范围为 −100～+100，导入动作组中的是绝对位置 P0 = B + P。如图 3.2-3 所示。

图 3.2-3

　　这里的 B 通过双击 B 开启，再双击 B 关闭调节。如果 B = 20，P = 1500，实际舵机发送 PO 为 1520，也就是 B + P，用于修复舵机偏差。每个舵机都有自己的一个舵机偏差 B，等调好 B 之后可点击基本操作框中的保存偏差按钮将当前机器人的偏差值保存成为一个偏差文件。当下次重新打开软件时，就不需要重新调节偏差，直接点击基本操作框中的打开偏差按钮，打开保存的偏差文件，重新导入偏差，如图 3.2-4 所示。

图 3.2-4

接着插上机器人的 USB 接口。首先点击连接管理窗口的刷新按钮，然后选择最新出来的 COM 口，并单击打开按钮。有一点要注意的是连接管理窗口中的波特率设置为 9600，如图 3.2-5 所示。

图 3.2-5

连接完成之后，先点击调试管理框中的实时调试按钮，我们就可以左右拖动每个舵机控制窗户中的进度条，控制相对应舵机的角度。这个时候，相对应的舵机也会跟着左右转动。

我们将机器人的头部舵机控制窗口中的进度条拖到最左边，然后点击动作管理框中的添加动作按钮。完成之后，再将机器人的头部舵机控制窗口中的进度条拖到最右边，然后点击动作管理框中的添加动作按钮。下面的动作数据框就会出现两行动作数据，如图 3.2-6 所示。

	顺序	动作	时间
	1	#0P1500#1P1500#2P1500#3P1500#4P1500#5P1500#6P1500#7P1500#8P1500#9P1500#10P1438#11P1542#12P1500#...	T1000
▶	2	#0P1500#1P1500#2P1500#3P1500#4P1500#5P1500#6P1500#7P1500#8P1500#9P1500#10P1438#11P1542#12P1500#...	T1000

图 3.2-6

我们选中循环选项，点击在线运行按钮之后，就能重复运行这两个动作，与之相对应的现象就是机器人在做左右摇头动作，如图 3.2-7 所示。

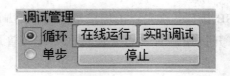

图 3.2-7

完成上述简单动作的调试后，我们可以将上面所创造的动作下载下来。如图 3.2-8 所示，先点击下载管理框中的擦除按钮，然后点击下载按钮，将动作组数据下载到外部 Flash 当中。

图 3.2-8

完成下载之后，就可以进行脱机运行动作了。

最后补充几个其他功能，大家自己可以试用。

(1) 连接管理窗口中的发送区和接收区，其实也就是一个窗口工具的发送接收框，可发送接收数据。

(2) 动作管理框，如图 3.2-9 所示。

图 3.2-9

时间间隔：一个动作完成的时间。

添加动作：新增一个动作。

删除动作：删除选中的动作。

更新动作：就是修改并替换以前的动作。

补入动作：就是在动作之间新建一个新的动作。

保存动作：将当前动作组保存成文件。

打开动作：打开动作文件，载入动作文件中的动作。

(3) 基本操作框，如图 3.2-10 所示。

图 3.2-10

舵机回中：将所有舵机的 P 值调整到 1500。

打开偏差：载入偏差文件，修改所有舵机控制框中的 B 值。

保存偏差：将所有舵机控制框中的 B 值保存成为文件存储下来。

3.3 舵机的基本控制

3.3.1 相关简介

本章节，我们将介绍使用 IAP15W4K61S4 单片机控制舵机的转动。如图 3.3-1 所示，为本次实验所用的双轴数字舵机。

图 3.3-1

一般来说，舵机由舵盘、减速齿轮组、位置反馈电位计、直流电机、控制电路组成。它的输入线一共 3 条，分别为电源线、地线和控制线。

舵机是通过 PWM 脉宽调节角度，周期为 20 ms，占空比 0.5 ms 到 2.5 ms 的脉宽电平对应舵机 0°到 180°角度范围。因此，我们就可以通过 IAP15W4K61S4 单片机产生不同占空比的方波来控制舵机轴的不同位置，从而控制舵机的转动。

3.3.2　硬件设计

由于单片机在实际中的输出电流很小，就使用 74HC244 锁存器来增加输出电流。另外，机器人的头部舵机的信号线是通过端口 P27 控制的。单片机 IO 口与 74HC244 锁存器的连接如图 3.3-2 所示。

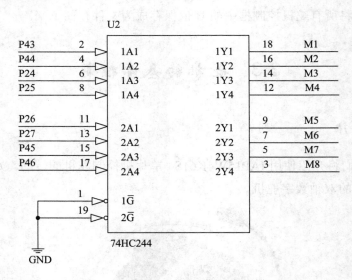

图 3.3-2

3.3.3　软件设计

本次实验是通过定时器 T0 控制单片机 IO 口输出高低电平的时间来输出 PWM。首先，我们介绍一下 IO 口以及定时器相关寄存器。

1. 数据寄存器 Px

Px 对应的输入输出数据，以 P0 为例，如表 3.3-1 所示。

表 3.3-1

SFR name	Address	bit	B7	B6	B5	B4	B3	B2	B1	B0
P0	80H	name	P0.7	P0.6	P0.5	P0.4	P0.3	P0.2	P0.1	P0.0

2. 模式寄存器

每个引脚对应的两个模式寄存器共同决定了引脚的工作模式,以 P0 为例,如表 3.3-2 所示。

表 3.3-2

P0M1 register										
SFR name	Address	bit	B7	B6	B5	B4	B3	B2	B1	B0
P0M1	93H	name	P0M1.7	P0M1.6	P0M1.5	P0M1.4	P0M1.3	P0M1.2	P0M1.1	P0M1.0
P0M0 register										
SFR name	Address	bit	B7	B6	B5	B4	B3	B2	B1	B0
P0M0	94H	name	P0M0.7	P0M0.6	P0M0.5	P0M0.4	P0M0.3	P0M0.2	P0M0.1	P0M0.0

P0M1[7:0] 寄存器 P0M1 地址为 93H	P0M0[7:0] 寄存器 P0M0 地址为 94H	IO 口模式
0	0	准双向口(传统 8051 I/O 模式,弱上拉),灌电流可达 20 mA,拉电流为 270 μA,由于制造误差,实际为 270 μA~150 μA
0	1	推挽输出(强上拉输出,可达 20 mA,要加限流电阻)
1	0	高阻输入(电流既不能流入也不能流出)
1	1	开漏模式,内部上拉电阻断开 开漏模式既可读外部状态也可对外输出(高电平或低电平)。如果正确读外部状态或需要对外输出高电平,需外加上拉电阻,否则读不到外部状态,也对外输不出高电平

3. 定时器/计数器 0/1 控制寄存器 TCON

定时器/计数器 0/1 控制寄存器 TCON，如表 3.3-3 所示。

表 3.3-3

SFR name	Address	bit	B7	B6	B5	B4	B3	B2	B1	B0
TCON	88H	name	TF1	TR1	TF0	TR0	IE1	IT1	IE0	IT0

TF0：T0 溢出中断标志。T0 被允许计数以后，从初值开始加 1 计数，当产生溢出时，由硬件置 TF0，向 CPU 请求中断，一直保持到 CPU 响应该中断时，才由硬件清 0。

TR0：定时器的运行控制位。该位由软件设置清零。

IE0：外部中断 0 请求源(INT0/P3.2)标志。IE0 = 1 外部中断 0 向 CPU 请求中断，当 CPU 响应外部中断时，由硬件清 0。

IT0：外部中断源 0 触发控制位。IT0 = 0，上升沿或下降沿均可触发外部中断 0。IT0 = 1，外部中断 0 为下降沿触发方式。

4. 计时器/计数器工作模式寄存器 TMOD

计时器/计数器工作模式寄存器 TMOD，如图 3.3-3 所示。

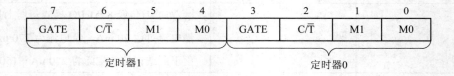

图 3.3-3

M1，M0：定时器/计数器模式选择。

C/T：清 0 作为定时器，置 1 作为计数器。

关于其他的寄存器，可以参考 IAP15W4K61S4 的数据手册。

代码中，我们首先将 IO 口初始化。代码如清单 3.3-1 所示。

------------------------------------代码清单 3.3-1------------------------------------

```
void IO_init(void)
{
```

```
        P0M0 = 0X00;

        P0M1 = 0X00;

        P1M0 = 0X00;

        P1M1 = 0X00;

        P2M0 = 0X00;

        P2M1 = 0X00;

        P3M0 = 0X00;

        P3M1 = 0X00;

        P4M0 = 0X00;

        P4M1 = 0X00;

    }
```

将 IO 口设置为准双向口，默认低电平，然后通过给 P27 赋值 1 或者 0 来控制 P27 口输出高低电平。

关于定时器的使用，首先进行初始化。代码如清单 3.3-2 所示。

(1) 设置辅助寄存器 AUXR，将定时器 0 设为传统 8051 速度的 12 分频。

(2) 设置定时器 0 为 16 位不可重装载模式，TH0、TL0 全用。

(3) 清除 T0 溢出中断标志。

(4) 允许 T0 产生中断。

(5) 打开总中断。

--代码清单 3.3-2--

```
    void Timer0_Init(void)

    {

        AUXR |= 0x80;

        TMOD &= 0xF0;

        TMOD |= 0x01;

        TF0 = 0;

        ET0 = 1;
```

```
        EA = 1;
    }
```

完成定时器 0 初始化之后，就必须通过函数 Timer0(unsigned int us)给 TH0、TL0 赋值。当时间到了，程序就可以进入定时中断函数 T0_Inter(void) interrupt 1。当进入一次中断之后，如果还要再次进入定时中断函数，就必须再一次装载定时器。代码如清单 3.3-3 所示。

---代码清单 3.3-3---

```
    void Timer0(unsigned int us)
    {
        unsigned int valu;
        valu = 65536 -FOSC/1000/1000* us;
        TL0 = valu
        TH0 = valu>>8;
        TR0  = 1;
    }
```

我们在中断函数中不断装载定时器，改变 PWM 的占空比，让舵机不停地更换角度，从而使机器人做出摇头的效果。代码如清单 3.3-4 所示。

---代码清单 3.3-4---

```
    void T0_Inter(void) interrupt 1
    {
        static unsigned char case_flag=1;
        static unsigned char dghFlag=0;
        ET0 = 0;                                        //关闭定时器
        EA = 0;
        switch(case_flag++)
        {
```

```
case 1:
    P27 = 1;
    ET0 = 1;                          //打开定时器
    EA = 1;                           //打开总中断
    Timer0(dghTime);
break;
case 2:
    P27 = 0;
    ET0 = 1;                          //打开定时器
    EA = 1;                           //打开总中断
    Timer0(2500-dghTime);
break;
case 3:
    ET0 = 1;                          //打开定时器
    EA = 1;                           //打开总中断
    Timer0(37500);                    //定时 1 s
    dghFlag++;
    if(dghFlag == 50)
    {
        dghTime = 700;
    }
    if(dghFlag == 100)
    {
        dghTime = 2300;
        dghFlag = 0;
    }
    case_flag = 1;
break;
```

```
            default:

                break;

            }

        }
```

3.3.4 实验现象

(1) 打开下载软件 STC-ISP，如图 3.3-4 所示。

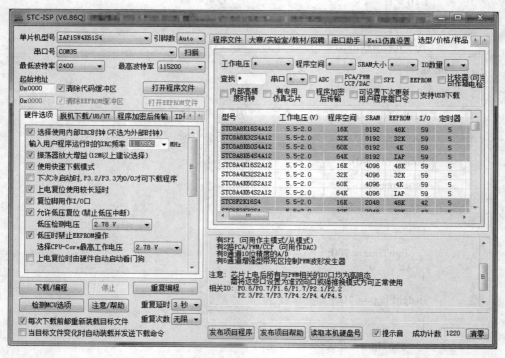

图 3.3-4

(2) 点击 Keil 仿真设置标签，添加 STC 相关的头文件。STC 的相关头文件路径是我们之前安装 Keil C51 的路径，如果之前采用的是默认路径，那么选择 C 盘 Keil 文件夹，如图 3.3-5 所示。

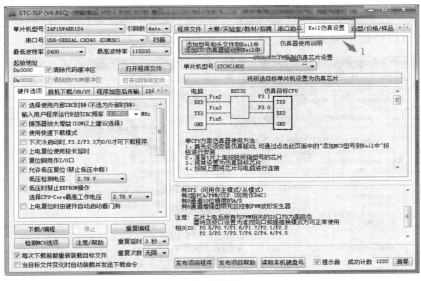

图 3.3-5

(3) 添加完 STC 相关的头文件，点击弹窗中的确定按钮，如图 3.3-6 所示。

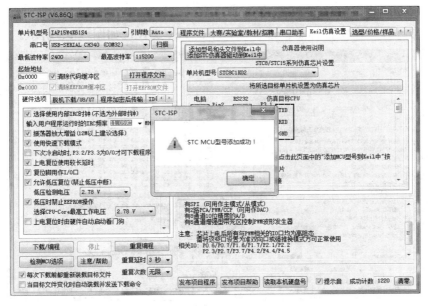

图 3.3-6

(4) 设置单片机的型号、最低波特率、最高波特率如图 3.3-7 所示，硬件选项等选项默认即可。串口号根据实际情况选择。

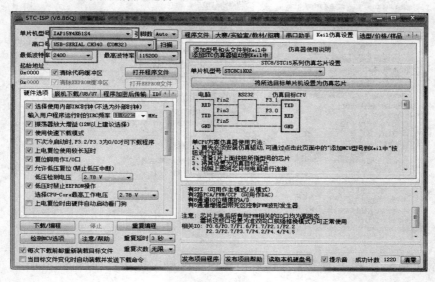

图 3.3-7

(5) 点击打开程序文件标签，选择例程中的.hex 文件，如图 3.3-8 所示。

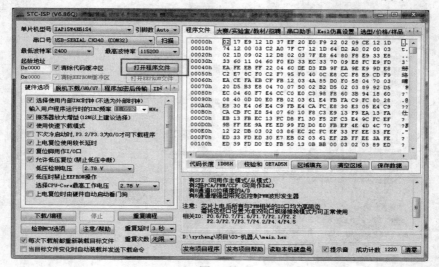

图 3.3-8

(6) 点击下载/编程按钮，下载代码，如图 3.3-9 所示。

图 3.3-9

(7) 按一下电路板上面的 **RST** 按键，完成下载，如图 3.3-10 所示。代码下载完成之后，打开机器人的电源开关，运行代码，就能看到我们的机器人在做摇头动作。

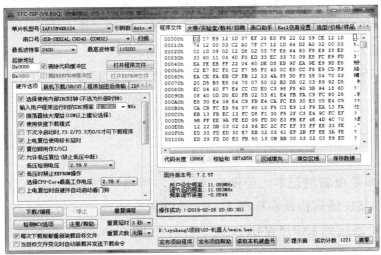

图 3.3-10

3.4 串口控制舵机

3.4.1 相关简介

本节介绍使用 IAP15W4K61S4 单片机的串口通信来控制舵机的转动。由于上位机软件 RobotCtrl 与最终机器人通信也是通过串口，本节将作为一个基础介绍。

IAP15W4K51S4 单片机有 4 个采用 UART(Universal Asychronous Receiver/Transmitter) 工作方式的全双工异步串行通信接口。每一个串口都有两个数据缓冲器、一个移位寄存器、一个串行控制寄存器和一个波特率发生器组成。而每一个串行口的数据缓冲器由两个相互独立的接收、发送缓冲器构成，可以同时发送和接收数据。发送缓冲器只能写入而不能读出，接收缓冲器只能读出而不能写入，因而两个缓冲器可以共用一个地址码。

IAP15W4K61S4 单片机的串口 1 有 4 种工作方式，其中两种方式的波特率是可变的，另两种是固定的。而串口 2、3、4 都只有两种工作方式，这两种工作方式的波特率都是可变的。用户可以用软件设置不同的波特率和选择不同的工作方式。主机可通过查询或中断方式对接收/发送进行程序处理，使用十分灵活。

IAP15W4K61S4 单片机的串口对应的硬件部分分别为 TXD 和 RXD、TXD2 和 RXD2、TXD3 和 RXD3、TXD4 和 RXD4，可以在几组串口之间进行切换。

3.4.2 硬件设计

由于绝大多数电脑笔记本已经没有串口了，所以我们这里使用了 CH340 这个芯片，成功实现 USB 通信协议和标准 UART 串行通信协议的转换。另外，DEBUG_RX 与 DEBUG_TX 连接到 IAP15W4K51S4 单片机的 P3.0 和 P3.1。电路原理图如图 3.4-1 所示。

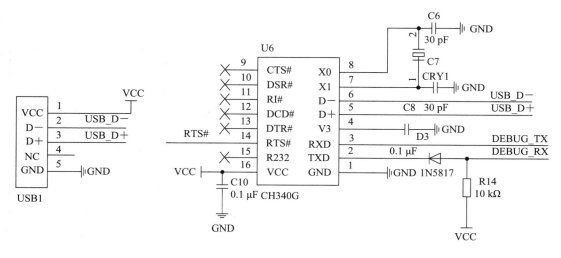

图 3.4-1

3.4.3 软件设计

在使用串口之前，我们首先介绍几个与串口 1 相关的主要寄存器，其他串口的寄存器可以查看数据手册。

1. 串行控制寄存器 SCON

串行控制寄存器 SCON 用于选择串行通信的工作方式和某些控制功能，其各位定义如表 3.4-1 所示。

表 3.4-1　SCON 各位的定义

寄存器名称	地址	位	B7	B6	B5	B4	B3	B2	B1	B0
SCON	98H	位定义	SM0/FE	SM1	SM2	REN	TB8	RB8	TI	RI

SM0/FE：当 PCON 寄存器中的 SMOD0(PCON 的第 6 位)为 1 时，该位用于帧错误检测。当检测到一个无效停止位时，通过 UART 接收设置该位。它必须由软件清零。当 PCON 寄存器中的 SMOD0(PCON 的第 6 位)为 0 时,该位和 SM1 一起指定串行通信的工

作方式，如表 3.4-2 所示。

表 3.4-2　SM0 和 SM1 指定的工作方式

SM0	SM1	工作方式	功能说明	波　特　率
0	0	方式 0	同步移位串行方式：移位寄存器	当 UART_M0x6 = 0 时，波特率是 SYSclk/12， 当 UART_M0x6 = 1 时，波特率是 SYSclk/2
0	1	方式 1	8 位 UART， 波特率可变	串行口 1 用定时器 1 作为其波特率发生器且定时器 1 工作于模式 0(16 位自动重装载模式)或串行口用定时器 2 作为其波特率发生器时， $$波特率 = \frac{定时器\ 1\ 的溢出率或定时器\ 2\ 的溢出率}{4}$$ 注意：此时波特率与 SMOD 无关。 当串行口 1 用定时器 1 作为其波特率发生器且定时器 1 工作于模式 2(8 位自动重装模式)时， $$波特率 = \frac{2^{SMOD}}{32} \times 定时器\ 1\ 的溢出率$$
1	0	方式 2	9 位 UART	$\dfrac{2^{SMOD}}{64} \times SYSclk$ 系统工作时钟频率
1	1	方式 3	9 位 UART， 波特率可变	当串行口 1 用定时器 1 作为其波特率发生器且定时器 1 工作模式 0(16 位自动重装载模式)或串行口用定时器 2 作为其波特率发生器时， $$波特率 = \frac{定时器\ 1\ 的溢出率或定时器\ 2\ 的溢出率}{4}$$ 注意：此时波特率与 SMOD 无关。 当串行口 1 用定时器 1 作为其波特率发生器且定时器 1 工作于模式 2(8 位自动重装模式)时， $$波特率 = \frac{2^{SMOD}}{32} \times 定时器\ 1\ 的溢出率$$

当定时器 1 工作于模式 0(16 位自动重装载模式)且 AUXR.6/T1 × 12 = 0 时，

$$定时器 1 的溢出率 = \frac{SYSclk/12}{65536 - [RL\_TH1, RL\_TL1]}$$

当定时器 1 工作于模式 0(16 位自动重装载模式)且 AUXR.6/(T1 × 12) = 1 时，

$$定时器 1 的溢出率 = \frac{SYSclk}{65536 - [RL\_TH1, RL\_TL1]}$$

当定时器 1 工作于模式 2(8 位自动重装模式)且 T1 × 12 = 0 时，

$$定时器 1 的溢出率 = \frac{SYSclk/12}{256 - TH1}$$

当定时器 1 工作于模式 2(8 位自动重装模式)且 T1 × 12 = 1 时，

$$定时器 1 的溢出率 = \frac{SYSclk}{256 - TH1}$$

当 AUXR.2/(T2 × 12) = 0 时，

$$定时器 2 的溢出率 = \frac{SYSclk/12}{65536 - [TL\_TH2, RL\_TL2]}$$

当 AUXR.2/(T2 × 12) = 1 时，

$$定时器 2 的溢出率 = \frac{SYSclk}{65536 - [TL\_TH2, RL\_TL2]}$$

SM2：允许方式 2 或方式 3 多级通信控制位。

REN：允许/禁止串口接收控制位。由软件置 REN 位 1 为允许串行接收状态，可启动串口接收器 RXD，开始接收信息。软件复位 REN，即 REN = 0，则禁止接收。

TB8：在方式 2 或方式 3，它为要发送的第 9 位数据，按需要由软件置位或者清零。在方式 0 和方式 1 中，该位不可用。

RB8：在方式 2 或方式 3，它为要接收到的第 9 位数据，作为奇偶效验位或者地址帧/数据帧的标志位。方式 0 中不用 RB8(置 SM2 = 0)。方式 1 中也不用 RB8(置 SM2 = 0，RB8 是接收到的停止位)。

TI：发送中断请求标志位。在方式 0，当串行发送数据第 8 位结束时，由内部硬件自动置位 TI = 1，向主机请求中断，响应中断 TI 必须用软件清零，即 TI = 0。在其他方式中，则在停止位开始发送时由硬件置位，即 TI = 1，响应中断后 TI 必须用软件清零。

RI：接收中断请求标志位。在方式 0，当串行接收到第 8 位结束时，由内部硬件自动置位 RI = 1，向主机请求中断，响应中断 RI 必须用软件清零，即 RI = 0。在其他方式中，串行接收到停止位的中间时刻由硬件置位，即 RI = 1，向 CPU 发中断申请，响应中断后 RI 必须用软件清零。

2. 数据缓冲寄存器 SBUF

串口 1 的数据缓冲寄存器(SBUF)的地址是 99H，实际是两个缓冲器，写 SBUF 的操作完成待发送数据的加载，读 SBUF 的操作可获得已收到的数据。两个操作分别对应两个不同的寄存器，写寄存器和读寄存器。

3. 串口 1 切换寄存器 AUXR1(P_SW1)

串口 1 切换寄存器的定义如表 3.4-3 所示。

表 3.4-3　串口 1 切换寄存器的定义

寄存器名称	地址	辅助寄存器名称	B7	B6	B5	B4	B3	B2	B1	B0	复位值
AUXR1 (P_SW1)	A2H	Auxiliary Register 1	S1_S1	S1_S0	CCP_S1	CCP_S0	SPI_S1	SPI_S0	0	DPS	0000,0000
串口 1、S1 可在 3 个地方切换，由 S1_S0 及 S1_S1 控制位来选择											
S1_S1	S1_S0		串口 1/S1 可在 P1/P3 之间来回切换								
0	0		串口 1/S1 在[P3.0/RxD，P3.1/TxD]								
0	1		串口 1/S1 在[P3.6/RxD_2，P3.7/TxD_2]								
1	0		串口 1/S1 在[P1.6/RxD_3/XTAL2，P1.7/TxD_3/XTAL1]　串口 1 在 P1 口时要使用内部时钟								
1	1		无效								

要用串口通信，首先就是就要对串口进行初始化。代码如清单 3.4-1 所示。

```
--------------------------------------代码清单 3.4-1--------------------------------------
void uart_init(void)
{
    SCON = 0x50;              //设置串口方式1，允许串行接收
    TMOD = 0x00;              //设置定时器1为定时器，16位自动重装载定时器
    AUXR = 0x40;              //设置定时器1的速度为传统8051速度
    TL1 = (65535 - (11059200/4/9600));
    TH1 = (65535 - (11059200/4/9600))>>8;        //设置波特率
    TR1 = 1;                  //允许定时器T1开始计数
    ES = 1;                   //打开串行口中断
    EA = 1;                   //CPU开放中断
}
--------------------------------------------------------------------------------------------
```

对串口初始化完成之后，我们就开始写串口中断函数 uart_int(void) interrupt 4 using 1，每当接收到数据，CPU 就会产生中断，从而进入串口中断函数。

在串口中断函数中，我们设置了一个数据缓冲区，将串口接收到的一个一个字节的数据存储在 receive_data 中。接收完之后，在主函数中做一个判断。代码清单如 3.4-2 所示。

```
--------------------------------------代码清单 3.4-2--------------------------------------
void uart_int(void) interrupt 4 using 1
{
    unsigned char tmp;
    if (RI)
    {
        receive_data[receive_data_len++]=SBUF;
        RI = 0;
    }
}
```

```
    while(1)
    {
        if(receive_data_len>=1)
        {
            if((receive_data[0] == 0x05)&&(receive_data[5] == 0x77))
            {
                unsigned char tmp_len = 0 , tmp_i;
                tmp_len = receive_data_len; receive_data_len = 0;
                dghTime = receive_data[1]*1000+receive_data[2]*100+receive_data[3]*10\
                          +receive_data[4];
                for(tmp_i = 0; tmp_i < tmp_len; tmp_i++)
                {
                    receive_data[tmp_i] = 0x00;
                }
            }
        }
        if(receive_data_len>6)receive_data_len = 0;
    }
```

每次将 6 个字节的数据接存储到 receive_data 中，当第一个字节为 0x05，并且最后一个字节为 0x77 时，那么中间的第 2、3、4、5 字节分别表示 P 值的千、百、十、个位。

3.4.4　实验步骤与现象

(1) 打开下载软件 STC-ISP，如图 3.4-2 所示。

(2) 点击 Keil 仿真设置标签，添加 STC 相关的头文件。STC 的相关头文件路径是我们之前安装 Keil C51 的路径，如果之前采用的默认路径，那么选择 C 盘 Keil 文件夹。如图 3.4-3 所示。

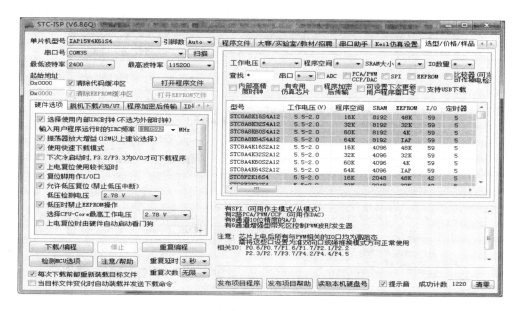

图 3.4-2

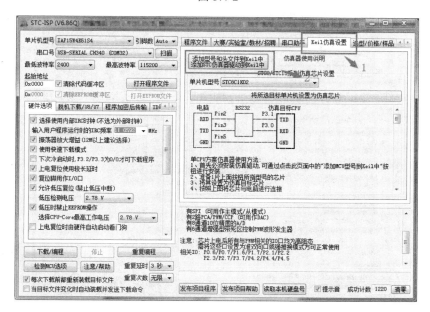

图 3.4-3

(3) 添加完 STC 相关的头文件，点击弹窗中的确定按钮，如图 3.4-4 所示。

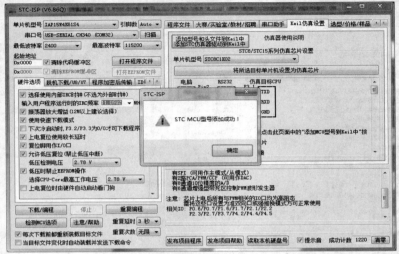

图 3.4-4

(4) 设置单片机的型号、最低波特率、最高波特率如图 3.4-5 所示，硬件选项等选项默认即可。串口号根据实际情况选择。

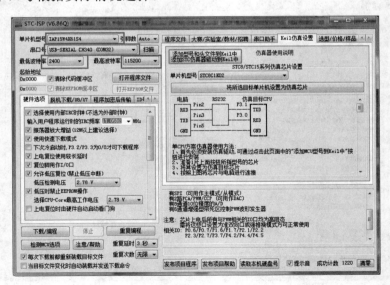

图 3.4-5

(5) 点击打开程序文件标签，选择我们例程中的.hex 文件，如图 3.4-6 所示。

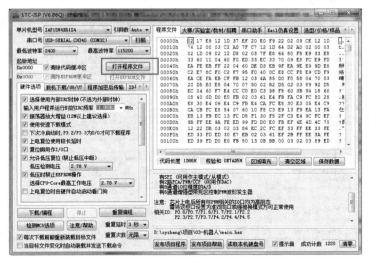

图 3.4-6

(6) 点击下载/编程按钮，下载代码，如图 3.4-7 所示。

图 3.4-7

（7）按一下电路板上面的 RST 按键，完成下载，如图 3.4-8 所示。

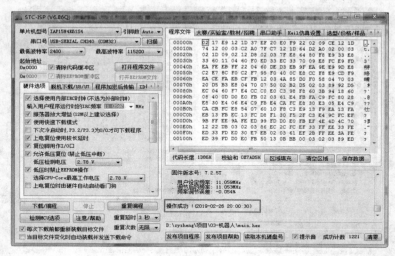

图 3.4-8

（8）代码下载完成之后，打开机器人电源，运行代码，打开串口助手标签。

① 选择串口号，我们图中是 COM5，这个根据实际情况选择。

② 配置串口参数，波特率为 9600，数据位 8，与图 3.4-9 一致。

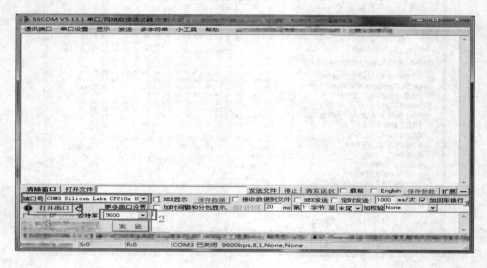

图 3.4-9

③ 点击打开串口按钮。

打开串口之后，我们在字符串输入框中输入 05 01 02 02 02 77，如图 3.4-10 所示。然后点击发送按钮，将机器人头部舵机的高电平时间改为 1222，同时会看到我们机器人的头转动到一个位置，继续发送其他值，机器人的头会转向其他位置。

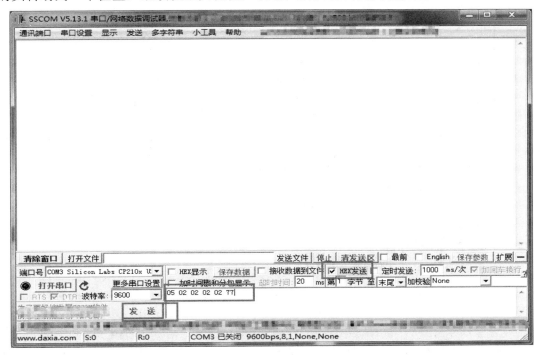

图 3.4-10

3.5 动作组存储(Flash)

3.5.1 相关简介

本节将介绍用 IAP15W4K61S4 单片机的 SPI 接口对外部 Flash 进行读写操作，并模拟动作组的存储以及读取。

SPI 是一种全双工、高速、同步的通信总线，有两种操作模式：主模式和从模式。在主模式中支持高达 3 Mb/s 的速率(工作频率为 12 MHz 时，如果 CPU 主频率采用 20 MHz 到 36 MHz，速率还可以更高，从模式时速率无法太低)，还具有传输完成标志和写冲突标志保护。SPI 的功能框图如图 3.5-1 所示。

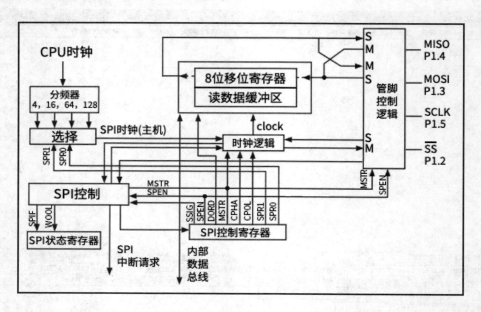

图 3.5-1

SPI 接口其实是一个 8 位移位寄存器和数据缓冲器，数据可以同时发送和接收。在 SPI 数据的传输过程中，发送和接收的数据都存储在数据缓冲器中。

对于主模式，如果要发送一个字节的数据，只需要将这个数据写到 SPDAT 寄存器中。主模式下 $\overline{SS}$ 信号不是必须的，但是在从模式下，必须在 $\overline{SS}$ 信号变为有效并接收到合适的时钟信号后，方可进行数据传输。在从模式下，如果一个字节传输完成后，$\overline{SS}$ 信号变为高电平，这个字节立即被硬件逻辑标志为接收完成，SPI 接口准备接收下一个数据。

3.5.2 硬件设计

本次实验所使用的外部 Flash 是 W25X20CL 芯片，它一共有 8 个引脚。1 号引脚 $\overline{CS}$

用于芯片的选择；2 号引脚 DO 是数据输出引脚；3 号引脚 $\overline{\text{WP}}$ 是写保护；4 号是 GND；5 号 DIO 引脚既可以作为数据输入，也可以作为数据输出；6 脚 CLK 是 Flash 的串行时钟信号；第 7 脚 $\overline{\text{HOLD}}$ 用于暂停 SPI 的通信；第 8 脚 VCC 就是电源脚。具体的硬件连接如图 3.5-2 所示。

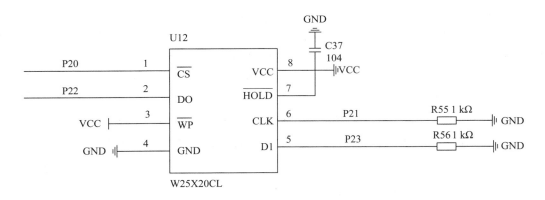

图 3.5-2

3.5.3　软件设计

本次软件设计主要是介绍 SPI 读写外部 Flash，在此之前，先简要介绍 3 个与 SPI 相关的主要寄存器，其他相关寄存器可以参考官方数据手册中的相关章节。

(1) SPI 控制寄存器 SPCTL，如表 3.5-1 所示。

表 3.5-1　SPI 控制寄存器 SPCTL

寄存器名称	地址	位	B7	B6	B5	B4	B3	B2	B1	B0
SPCTL	CEH	位定义	SSIG	SPEN	DORD	MSTR	CPOL	CPHA	SPR1	SPR0

• SSIG：SS 引脚忽略控制位。

　　SSIG = 1，MSTR(位 4)确定器件为主机还是从机。

　　SSIG = 0，SS 脚用于确定器件为主机还是从机。

• SPEN：SPI 使能位。

　　SPEN = 1，SPI 使能。

SPEN = 0，SPI 被禁止，所有 SPI 引脚都作为 I/O 使用。

- DORD：设定 SPI 数据发送和接收的位顺序。

  DORD = 1，数据字的最低位最先发送。

  DORD = 0，数据字的最高位最先发送。

- MSTR：主/从模式选择位。

- CPOL：SPI 时钟极性。

  CPOL = 1，SCLK 空闲时为高电平。SCLK 的前时钟沿为下降沿而后沿为上升沿。

  CPOL = 0，SCLK 空闲时为低电平。SCLK 的前时钟沿为上升沿而后沿为下降沿。

- CPHA：SPI 时钟相位选择。

  CPHA = 1，数据在 SCLK 的前时钟沿驱动，并在后时钟沿采样。

  CPHA = 0，数据在/SS 为低时被驱动，在 SCLK 的后时钟沿被改变，并在前时钟沿被采样。

- SPR1、SPR0：SPI 时钟频率选择控制位，如表 3.5-2 所示。

表 3.5-2　SPI 时钟频率选择控制位

SPR1	SPR0	时钟(SCLK)
0	0	CPU_CLK/4
0	1	CPU_CLK/8
1	0	CPU_CLK/16
1	1	CPU_CLK/32

(2) SPI 状态寄存器 SPSTAT，如表 3.5-3 所示。

表 3.5-3　SPI 状态寄存器 SPSTAT

寄存器名称	地址	位	B7	B6	B5	B4	B3	B2	B1	B0
SPSTAT	CDH	位定义	SPIF	WCOL	—	—	—	—	—	—

- SPIF：SPI 传输完成标志。

当一次串行输出完成时，SPIF 置位。此时，如果 SPI 中断被打开，则产生中断。当 SPI 处于主模式且 SSIG = 0 时，如果/SS 为输入并被驱动为低电平，SPIF 也将置位，表示"模式改变"。SPIF 标志通过软件向其写入"1"清零。

• WCOL：SPI 写冲突标志。

在数据传输的过程中如果对 SPI 数据寄存器 SPDAT 执行写操作，WCOL 将置位。WCOL 标志通过软件向其写入"1"清零。

(3) 控制 SPI 功能切换的寄存器 AUXR1(P_SW1)，如表 3.5-4 所示。

表 3.5-4　寄存器 AUXR1

Mnemonic	Add	Name	B7	B6	B5	B4	B3	B2	B1	B0	Beset Value
AUXR1 (P_SW1)	A2H	Auxiliary Register 1	S1_S1	S1_S0	CCP_S1	CCP_S0	SPI_S1	SPI_S0	0	DPS	0000,0000
SPI 可在 3 个地方切换，由 SPI_S1/SPI_S0 两个控制位来选择											
SPI_S1	SPI_S0	SPI 可在 P1/P2/P4 之间来回切换									
0	0	SPI 在[P1.2/SS，P1.3/MOSI，P1.4/MISO，P1.5/SCLK]									
0	1	SPI 在[P2.4/SS_2，P2.3/MOSI_2，P2.2/MISO_2，P2.1/SCLK_2]									
1	0	SPI 在[P5.4/SS_3，P4.0/MOSI_3，P4.1/MISO_3，P4.3/SCLK_3]									
1	1	无效									
CCP 可在 3 个地方切换，由 CCP_S1/CCP_S0 两个控制位来选择											
CCP_S1	CCP_S0	CCP 可在 P1/P2/P3 之间来回切换									
0	0	CCP 在[P1.2/ECI，P1.1/CCP0，P1.0/CCP1，P3.7/CCP2]									
0	1	CCP 在[P3.4/ECI_2，P3.5/CCP0_2，P3.6/CCP1_2，P3.7/CCP2_2]									
1	0	CCP 在[P2.4/ECI_3，P2.5/CCP0_3，P2.6/CCP1_3，P2.7/CCP2_3]									
1	1	无效									
串口 1、S1 可在 3 个地方切换，由 S1_S0 及 S1_S1 控制位来选择											
S1_S1	S1_S0	串口 1/S1 可在 P1/P3 之间来回切换									
0	0	串口 1/S1 在[P3.0/RxD，P3.1/TxD]									
0	1	串口 1/S1 在[P3.6/RxD_2，P3.7/TxD_2]									
1	0	串口 1/S1 在[P1.6/RxD_3/XTAL2，P1.7/TxD_3/XTAL1] 串口 1 在 P1 口时要使用内部时钟									
1	1	无效									

· DSP：SPTR 寄存器选择位。

0，使用缺省数据指针 DPTR0。

1，使用另一个数据指针 DPTR1。

要用 SPI 通信，首先对 SPI 进行初始化，代码如清单 3.5-1 所示。

---代码清单 3.5-1---

```
void Init_SPI()
{
    AUXR1 |= 0X08;        //将 SPI 调整到 P4.1、P4.2、P4.3
    SPDAT = 0;            //清空 SPI 数据寄存器
    SPSTAT = 0xc0;        //清空 SPI 传输完成标志和写冲突标志
    SPCTL = 0xd0;
}
```

SPI 初始化函数，其实就是配置 SPI 相关寄存器的几个位。当然，大家也可以按照实际需求进行配置。完成 SPI 初始化之后，就可以使用 SPI 发送接收数据。代码如清单 3.5-2 所示。

---代码清单 3.5-2---

```
u8 SPI_SendByte(u8 SPI_SendData)
{
    SPDAT = SPI_SendData;
    while((SPSTAT&0x80) == 0);
    SPSTAT = 0xc0;
    return    SPDAT;
}
```

在 SPI_SendByte(u8 SPI_SendData)函数中，首先是将要发送的数据放入 SPI 数据寄存器 SPDAT 中，然后判定 SPI 状态寄存器 SPTAT 中的 SPIF 位。等待数据写入完成之后，清除中断标志和写冲突标志。由于 SPI 为双工通信，最后就能返回得到的数据。

关于外部 Flash W25X20CL 的使用，其实就是通过 SPI_SendByte(u8 SPI_SendData) 写指令、写地址、写数据。外部 Flash 的使用方法详情可以阅读相关数据手册。另外，本次实验还用到了串口，串口的使用方法可以阅读前面的章节。

3.5.4　实验现象

(1) 打开下载软件 STC-ISP。如图 3.5-3 所示。

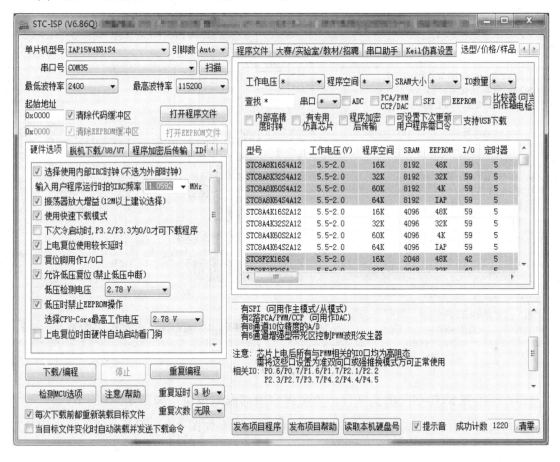

图 3.5-3

(2) 点击 Keil 仿真设置标签，添加 STC 相关的头文件。STC 的相关头文件路径是我们之前安装 Keil C51 的路径，如果之前采用的默认路径，那么选择 C 盘 Keil 文件夹。如图 3.5-4 所示。

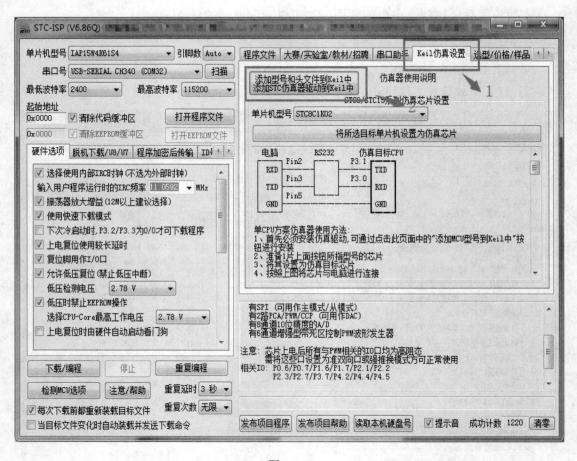

图 3.5-4

(3) 添加完 STC 相关的头文件，点击弹窗中的确定按钮，如图 3.5-5 所示。

(4) 设置单片机的型号、最低波特率、最高波特率如图 3.5-6 所示，硬件选项等选项默认即可。串口号根据实际情况选择。

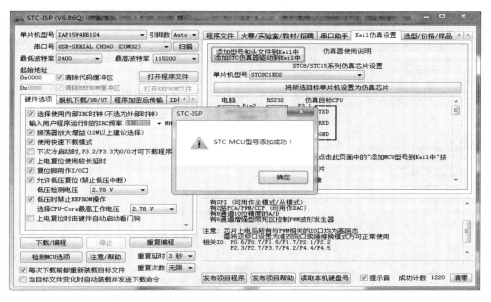

图 3.5-5

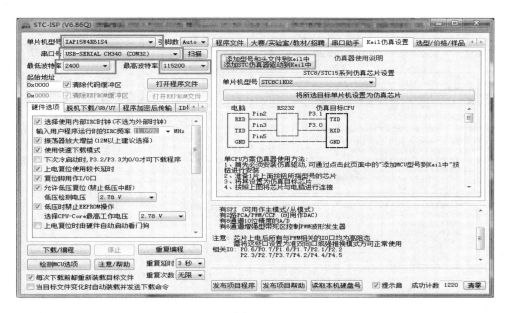

图 3.5-6

(5) 点击打开程序文件标签，选择我们例程中的 .hex 文件，如图 3.5-7 所示。

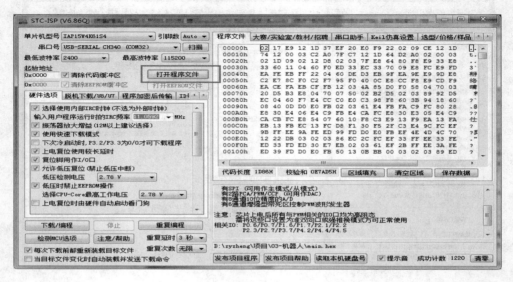

图 3.5-7

(6) 点击下载/编程按钮，下载代码，如图 3.5-8 所示。

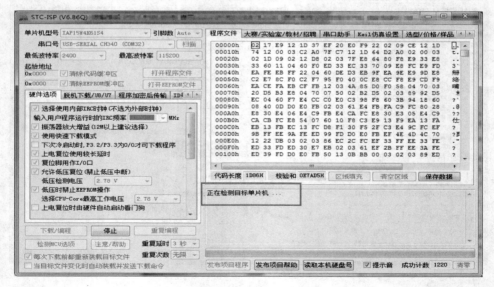

图 3.5-8

(7) 按一下电路板上的 RST 按键，完成下载。如图 3.5-9 所示。

图 3.5-9

(8) 代码下载完成之后，打开串口调试助手标签，如图 3.5-10 所示。选择串口号，然后点击连接按钮。图中端口是 COM3，这个根据实际情况选择。

图 3.5-10

(9) 点击界面中的选项菜单中的会话选项命令。如图 3.5-11 所示。

图 3.5-11

(10) 点击串行标签，配置串口参数，波特率为 115 200，数据位 8，停止位 1，如图 3.5-12 所示。最后点击确定按钮。

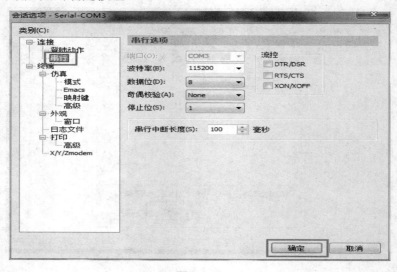

图 3.5-12

(11) 完成上述操作后，按一下机器人控制主板上的 RST 按键，就会看到串口调试助手中会显示出写入到外部 Flash 中的字符串与从 Flash 中读取出来的字符串一样。如图3.5-13 所示。

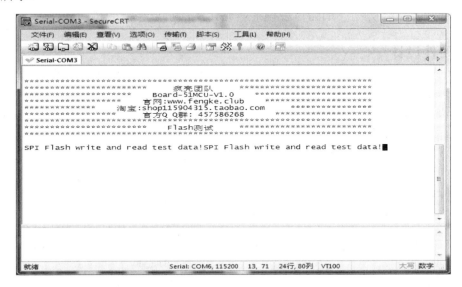

图 3.5-13

3.6　多个舵机的控制

本节介绍使用单片机 IAP15W4K61S4 来控制两个舵机，并且实现两个舵机以不同的速率进行转动。多个舵机的控制跟两个舵机的控制原理一致。

3.6.1　原理简介

首先要知道舵机速率是一定的，不可控制。我们完成两个舵机不同速率的转动，采用了一个微分算法。其实就是延时，从而降低一个或者多个舵机的转动速率。

先举个例子，假设 1 号舵机要从 0° 转到 180°，同时 2 号舵机要从 0° 转到 90°。如果不做任何处理，那么当 1 号、2 号舵机同时转到 90° 时，2 号舵机就不转了，1 号舵机要继续转动到 180°，这样就会导致机器人难以完成许多动作。假设舵机直接从 0° 转到 180° 的时间是 t，那么 2 号舵机实际转动时间就是 t/2，暂停时间是 t/2。如果我们将整个时间 t 分成 n 份，每次先让舵机转动 t/2n，然后再暂停 t/2n。当 n 足够大时，我们的舵机就可以按照以原来二分之一的角速度匀速转动，从而可以控制舵机的转速。

3.6.2 硬件设计

本次实验将要控制机器人的两个胳膊，也就是 6、9 号舵机，对应的 IAP15W4K61S4 单片机管脚是 P15 和 P44。在 IO 口与舵机之间采用了 74HC244 锁存器，增加驱动电流。电路原理图如图 3.6-1 所示。

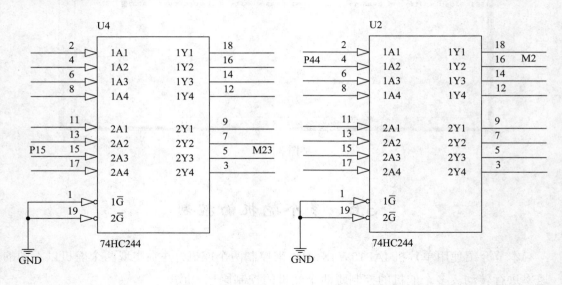

图 3.6-1

3.6.3 软件设计

软件方面，关于舵机的控制可以参考上一章节，这里只讲解微分算法。按照前面所提及的例子，我们的时间份数 n 应该尽可能大，这样才会使舵机转动得更加均匀。但由于实际情况下，舵机的控制时间是 2.5 ms，那么分成的最小时间块的长度就不能小于 2.5 ms。

在本次代码中，我们设置一个动作完成时间(舵机从目前角度转到目标角度的时间，时间可以自己设置)是 1 s，那么时间份数，也就是微分次数就是 NeedCount = 1000 × 5/2。每一次装载的 PWM 对应的角度为当前角度加上动作角度差的 NeedCount 分之一，从而实现舵机的近似匀速转动。本次微分代码如清单 3.6-1 所示。

---代码清单 3.6-1---

```
void DwmHandleValueLoad(void)
{
    static unsigned char dghNum = 0;      //用于加载新动作值
    int j;
    if(IsActionFlishFlag == 1 )           //完成目前动作
    {   /*
        *    计算下轮的 NeedNum 和 Dpwm
        */
        NeedCount = 1000*5/2;             //计算出下轮需要的积分次数
        for(j = 0; j < 2; j++)
        {
            if(dghNextData[j] > dghData[j])
            {
                Dp = dghNextData[j] - dghData[j];
                Dpwm[j] = Dp/NeedCount;
            }
            if(dghNextData[j] <= dghData[j])
            {
                Dp = dghData[j] - dghNextData[j];
                Dpwm[j] = Dp/NeedCount;
                Dpwm[j] = -Dpwm[j];
            }
        }
}
```

```
                IsActionFlishFlag = 0;
}
if(IsActionFlishFlag == 0 )                    //继续当前动作
{    /*
 *      装载下轮定时器需要的 PwmValue 数值
 */
    if(RunOverFlag == 1)                        //运行完当前动作一组数据
    {
        if(HaveCount > NeedCount)
        {
            HaveCount = 0;
        }
        if((NeedCount - HaveCount) < 2)        //判断一个动作是否趋近结束
        {
            switch(dghNum)                      //动作结束加载新动作
            {
                case 0:
                    dghNum++;
                    dghNextData[1] = 2400;
                    dghNextData[2] = 1500;
                break;
                case 1:
                    dghNum++;
                    dghNextData[1] = 600;
                    dghNextData[2] = 2400;
                break;
                case 2:
                    dghNum++;
```

```
                    dghNextData[1] = 2400;

                    dghNextData[2] = 1500;

                break;

                case 3:

                    dghNum = 0;

                    dghNextData[1] = 600;

                    dghNextData[2] = 600;

                break;

            }

            for(j = 0; j < 2; j++)

            {

                dghTime[j] = dghNextData[j];    //并且直接过度到目标位置

            }

            IsActionFlishFlag = 1;

            HaveCount = 0;

        }

        else

        {

            for(j = 0; j < 2; j++)    //加载当前动作的下一组数据

            {

                dghTime[j] = dghData[j] + HaveCount*Dpwm[j];

            }

        }

        RunOverFlag = 0;

    }

  }

}
```

上述代码中，通过 if((NeedCount - HaveCount) < 2)来判断一个动作是否趋近结束，这个语句中的 2 是代表两个舵机。这是由于我们定时中断是依次控制两个舵机，先完成第一个舵机在 2.5 ms 内的电平控制，再控制第二个舵机在 2.5 ms 内的电平，当所有舵机控制完，才会载入下一组数据。

3.6.4　实验现象

(1) 打开下载软件 STC-ISP，如图 3.6-2 所示。

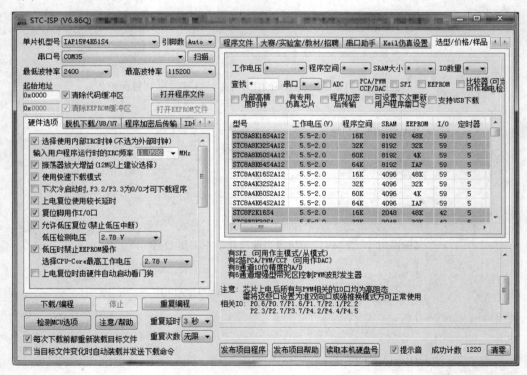

图 3.6-2

(2) 点击 Keil 仿真设置标签，添加 STC 相关的头文件。STC 的相关头文件路径是我们之前安装 Keil C51 的路径，如果之前采用的默认路径，那么选择 C 盘 Keil 文件夹，如图 3.6-3 所示。

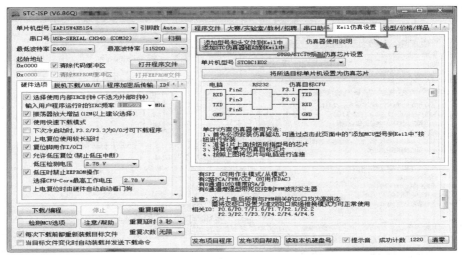

图 3.6-3

(3) 添加完 STC 相关的头文件，点击弹窗中的确定按钮，如图 3.6-4 所示。

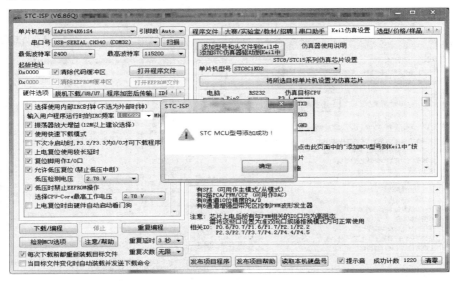

图 3.6-4

(4) 设置单片机的型号、最低波特率、最高波特率如图 3.6-5 所示，硬件选项等选项默认即可。串口号根据实际情况选择。

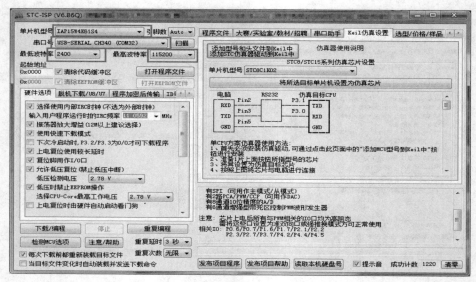

图 3.6-5

(5) 点击打开程序文件按钮，选择我们例程中的.hex 文件，如图 3.6-6 所示。

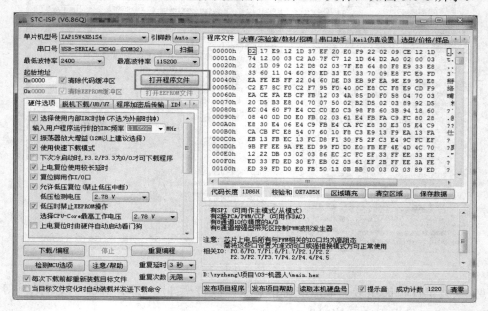

图 3.6-6

(6) 点击下载/编程按钮，下载代码，如图 3.6-7 所示。

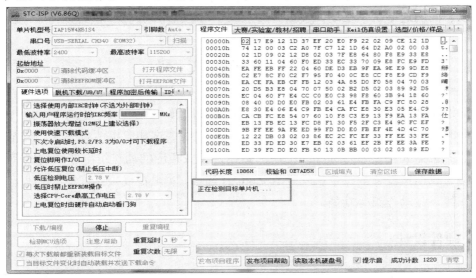

图 3.6-7

(7) 按一下电路板上面的 RST 按键，完成下载，如图 3.6-8 所示。

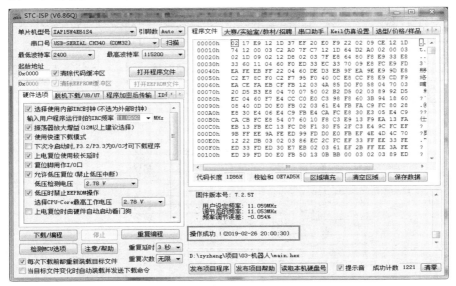

图 3.6-8

代码下载完成之后，打开机器人的电源开关，运行代码，就能看到我们的机器人的两条腿以不同的速率上下摆动。

3.7 整机代码

本章将结合前面实验章节，完成机器人的整机代码。

我们的机器人由 17 个舵机控制各个关节，有在线调试和脱机两种模式。在脱机模式下，我们的机器人将读取外部 Flash 中的数据，完成相应的动作组。在线调试模式下，机器人将与我们所提供的上位机软件 RobotCtrl 连接，实现在线控制舵机、在线运行动作组以及在线下载动作组等功能。

3.7.1 硬件设计

硬件方面，关于外部 Flash 和串口 Uart 部分，可以参照前面的章节。本次实验将通过 3 个 74HC244 锁存器控制 17 个舵机的转动，电路如图 3.7-1 所示。

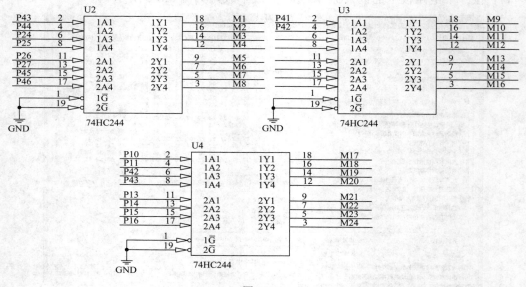

图 3.7-1

3.7.2 软件设计

我们整个软件的流程如图 3.7-2 所示

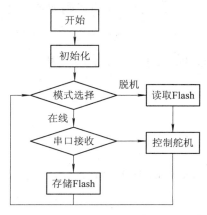

图 3.7-2 软件流程

代码开始运行之后，首先进行初始化。在初始化进程中，我们完成了串口初始化、IO 口初始化、定时器初始化等。关于这三个部分可以查看前面的章节。

初始化完成之后，就进入一个模式选择。模式选择是通过测量 IO 口 P01 的电压来控制机器人的模式，当 P01 为低电平时进入脱机模式，反之进入在线调试模式。如图 3.7-3 所示，两根线接上就是脱机模式，拔掉就是在线调试模式。

图 3.7-3

先进入在线调试模式。在线调试模式是通过上位机软件 RobotCtrl 与 IAP15W4K61S5 单片机通信。其实也就是通过串口通信，原理与前面的串口控制舵机转动相同。但要注意的是，上位机软件 RobotCtrl 功能对应发送的字符串是固定的，所以 IAP15W4K61S5 单片机处理字符程序也必须与之相对应。详细代码如清单 3.7-1 所示。

```
-------------------------------------------------代码清单 3.7-1-------------------------------------------------
void uart_int(void) interrupt 4 using 1      //与上位机连接
{
    int j;
    if (RI)
    {
        if((SBUF != 0x0A)&&(SBUF != 0x20))
        {
            if((SBUF == '$')&&(DataType == 0))
            {
                ReceDataModle = 1;
            }
            else if(SBUF == '@')
            {
                ReceDataModle = 2;
            }
            else
            {
                if(ReceDataModle == 1)
                {
                    if(SBUF == '1')
                    {
                        DataType = 1;
                    }
```

```
        if(SBUF == '2')
        {
            DataType = 2;
        }
        if(SBUF == '3')
        {
            DataType = 3;
        }
        ReceDataModle = 0;
    }
    else if(ReceDataModle == 2)
    {
        if(SBUF == 'G')
        {
            uart_string("@O");
            FirstLoadPnow = 1;
        }
        else if(SBUF == 'D')
        {
            DirectionModle = 1;
        }
        else if(SBUF == 'E')
        {
            DirectionModle = 2;
        }
        ReceDataModle = 0;
    }
    else
```

```
{
    switch(DataType)
    {
     case 1:
         PnextBuff[StepCount] = SBUF;
         StepCount++;
         if(PnextBuff[StepCount - 1] == 'S')
         {
             DataType = 0;
             StepCount = 0;
             UartReceFinishFlag = 1;
         }
     break;
     case 2:
         PnextBuff[StepCount] = SBUF;
         StepCount++;
         if(PnextBuff[StepCount - 1] == 'S')
         {
             DataType = 0;
             StepCount = 0;
             UartReceFinishFlag = 2;
             break;
         }
     break;
     case 3:
         PnextBuff[StepCount] = SBUF;
         StepCount++;
         if(PnextBuff[StepCount - 1] == 'S')
```

```
        {
            DataType = 0;
            StepCount = 0;
            FlashDownloadFlag = 1;
            UartReceFinishFlag = 3;
            break;
        }
        break;
        default:
        break;
    }
switch(DirectionModle)
{
    case 1:
        DownloadSectionNum = AsciiToValue(SBUF);
        UartReceFinishFlag = 3;
        DirectionModle = 0;
        uart_string("@O");
    break;
    case 2:
        If(SBUF == 'A')
        {
            FlashEraserChipFlag = 1;
        }
        else
        {
            EraserSectionNum = AsciiToValue(SBUF);
            FlashEraserFlag = 1;
```

```
                                }
                                UartReceFinishFlag = 3;
                                DirectionModle = 0;
                        break;
                        default:
                        break;
                    }
                }
            }
            RI = 0;
        }
    }
```

----

　　void uart_int(void) interrupt 4 using 1 是串口接收中断函数，对上位机软件 RobotCtrl 发送的字符进行处理，执行操作命令，存储舵机角度数据到所建立的数据缓冲区 PnextBuff[140]里。

　　当接收到上位机软件发送的下载命令字符时，IAP15W4K61S5 单片机就将缓冲区 PnextBuff[140]中的动作组数据下载到外部 Flash 中。在脱机模式下，单片机就读取外部 Flash 中的动作组数据，然后控制舵机，做出相应的动作。外部 Flash 的读写操作比较简单，可以参考前面的外部 Flash 读写章节。

3.7.3　实验现象

　　(1) 打开下载软件 STC-ISP，如图 3.7-4 所示。

　　(2) 点击 Keil 仿真设置按钮，添加 STC 相关的头文件。STC 的相关头文件路径是我们之前安装 Keil C51 的路径，如果之前采用的默认路径，那么选择 C 盘 Keil 文件夹，如图 3.7-5 所示。

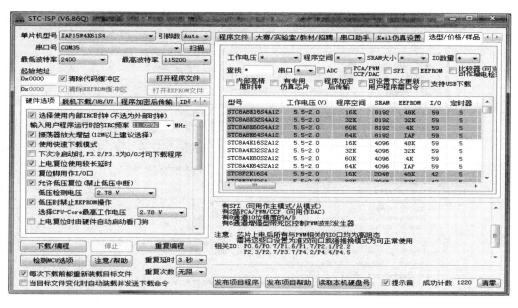

图 3.7-4

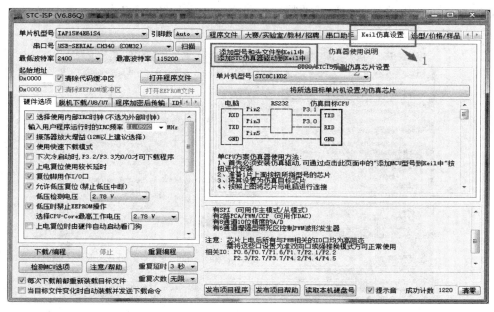

图 3.7-5

(3) 添加完 STC 相关的头文件，点击弹窗中的确定按钮，如图 3.7-6 所示。

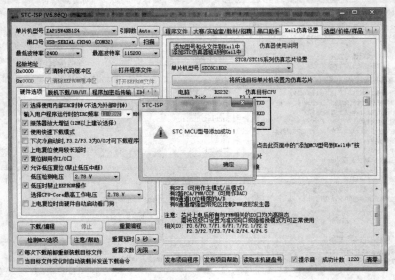

图 3.7-6

(4) 设置单片机的型号、最低波特率、最高波特率如图 3.7-7 所示，硬件选项等选项默认即可。串口号根据实际情况选择。

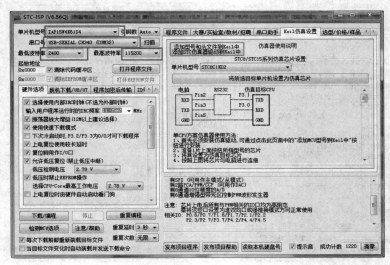

图 3.7-7

(5) 点击打开程序文件按钮，选择我们例程中的.hex 文件，如图 3.7-8 所示。

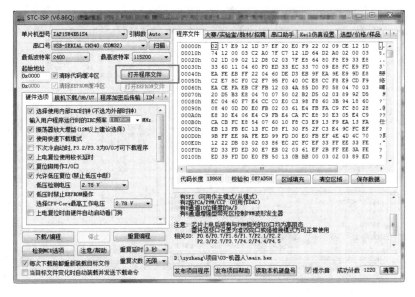

图 3.7-8

(6) 点击下载/编程按钮，下载代码，如图 3.7-9 所示。

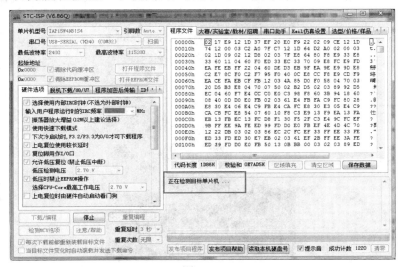

图 3.7-9

(7) 按一下电路板上面的 RST 按键，完成下载，如图 3.7-10 所示。

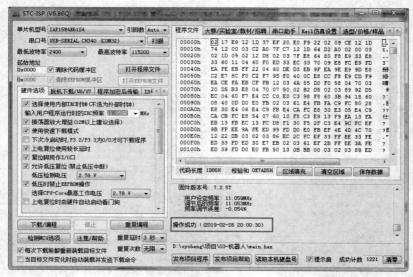

图 3.7-10

代码下载完之后，最终机器人就完成了。打开机器人电源开关，机器人会保持如图 3.7-11 所示动作。同时，也可以通过上位机软件 RobotCtrl 在线调试我们机器人。

图 3.7-11

Keil C51 开发软件介绍

Keil C51 是美国 Keil Software 公司出品的 51 系列兼容单片机 C 语言开发系统。与汇编语言相比，C 语言在功能、结构性、可读性、可维护性上有明显的优势。而且 Keil μVision 系列软件兼容市面上大部分的单片机，对于目前常用的 Windows 7 或者 Windows 10 操作系统，都有很好的兼容性，而且 Keil C51 软件提供了丰富的库函数和功能强大的集成开发调试工具，非常适合电子相关专业的软硬件工程师使用。

下面介绍如何使用 Keil C51 这款软件建立一个工程，并添加自己的代码文件。

1. 创建项目

(1) 打开 Keil C51，点击菜单 Project→New μVision Project 在弹出的对话框中输入项目名称(例如：test)和项目文件保存的路径。项目名称根据实际项目定义，保存类型默认。然后点击"保存"按钮，如附图 1 和附图 2 所示。

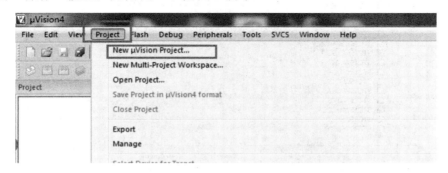

附图 1

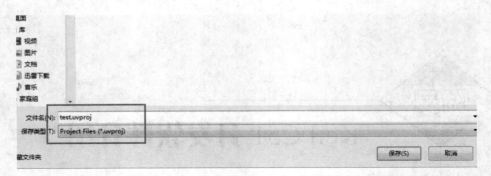

附图 2

(2) 在弹出的对话框中选择 STC MCU Database 选项，点击 OK 按钮，如附图 3 所示。

(3) 在弹出的对话框中选择 STC15F2K60S2，点击 OK 按钮，如附图 4 所示。这里因为 Keil C51 最新的芯片库没有我们这款机器人所用的 IAP15W4K61S4 芯片，所以我们选择型号相近的就

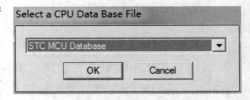

附图 3

行。51 内核的芯片在 Keil C51 里面都是兼容通用的，只需添加相应的头文件就可以了。

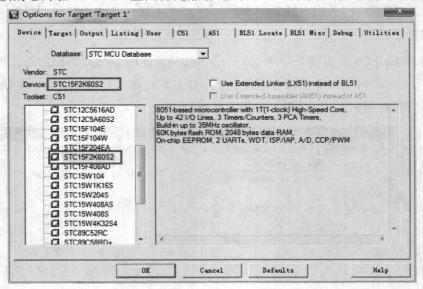

附图 4

(4) 点击"是"按钮，如附图 5 所示。这里是把启动文件加入工程中。

附图 5

2. 添加 .c 文件

上一步已把项目工程建好了，现在要把 .c 文件添加到工程里，.c 文件是我们编写代码的地方，就类似于写字板，所有的代码都是在 .c 文件上编写。

(1) 点击菜单 File→New，会生成一个"Text2"的空白文件，如附图 6 所示。

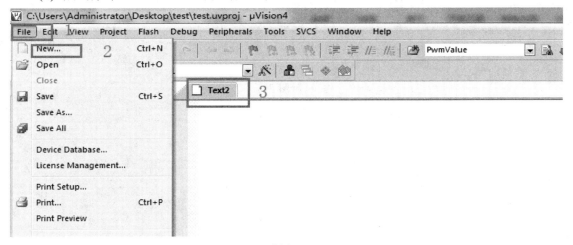

附图 6

(2) 点击 图标，就可以保存并重命名刚才新建的"Text2"文件，如附图 7 所示。注意：输入文件名的时候，一定要记得输入 .c 后缀。

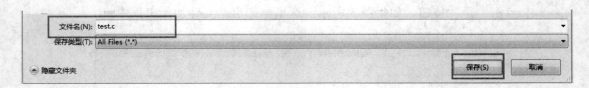

附图 7

3. 编写代码

接下来我们就可以编写自己的代码了。首先在 .c 文件里添加头文件(.H 文件)。如附图 8 所示，在第一行输入#include <STC15F2K60S2.H>，头文件就添加成功了，然后就可以编写自己的代码。如果工程代码比较多，可以按类别新建多个 .c 文件和 .H 文件，方便后续阅读和维护程序。

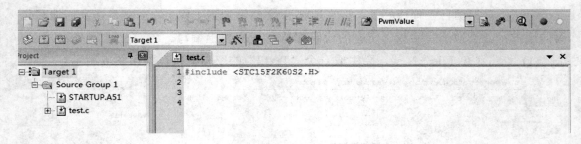

附图 8

参 考 文 献

[1] 黄志坚. 机器人驱动与控制及应用实例. 北京：化学工业出版社，2016.

[2] [英]梅隆. 机器人. 刘荣，等，译. 北京：科学普及出版社，2008.

[3] [美]约翰. 机器人学导论. 王伟，等，译. 北京：机械工业出版社，2017.

[4] Prinz Peter, Crawford Tony. C ina Nutshell：The Definitive Reference. Sebastopol: O'Reilly，2008.

[5] 赵岩. C 语言点滴. 北京：人民邮电出版社，2013.

[6] [美]阿兰·R. C 语言解惑. 杨涛，等，译. 北京：人民邮电出版社，2016.